高敏感人士的
幸福诀窍

[日] 武田友纪 著　赵艳华 译

中国科学技术出版社
· 北 京 ·

Copyright © 2020 Yuki TakedaAll rights reserved.
Original Japanese edition published in 2020 by MAGAZINE HOUSE Co., Ltd.
Simplified Chinese translation rights arranged with MAGAZINE HOUSE Co., Ltd.through The English Agency (Japan) Ltd., and Shanghai To-Asia Culture Communication Co., Ltd.

北京市版权局著作权合同登记 图字：01-2024-0635。

图书在版编目（CIP）数据

高敏感人士的幸福诀窍 /（日）武田友纪著；赵艳华译. — 北京：中国科学技术出版社，2024.7（2024.8 重印）
ISBN 978-7-5236-0418-2

Ⅰ.①高… Ⅱ.①武… ②赵… Ⅲ.①情绪—自我控制—通俗读物 Ⅳ.① B842.6

中国国家版本馆 CIP 数据核字（2024）第 039802 号

策划编辑	赵 嵘	责任编辑	胡天焰
封面设计	创研设	版式设计	蚂蚁设计
责任校对	焦 宁	责任印制	李晓霖

出	版	中国科学技术出版社
发	行	中国科学技术出版社有限公司
地	址	北京市海淀区中关村南大街 16 号
邮	编	100081
发行电话		010-62173865
传	真	010-62173081
网	址	http://www.cspbooks.com.cn

开	本	880mm×1230mm　1/32
字	数	93 千字
印	张	6.5
版	次	2024 年 7 月第 1 版
印	次	2024 年 8 月第 2 次印刷
印	刷	大厂回族自治县彩虹印刷有限公司
书	号	ISBN 978-7-5236-0418-2/b・160
定	价	59.00 元

（凡购买本社图书，如有缺页、倒页、脱页者，本社销售中心负责调换）

前言

高敏感小伙伴的智慧将帮助你摆脱工作和人际关系的困扰

这是一本智慧之书，来自全国各地的高敏感小伙伴将告诉你如何解决职场和人际交往中的烦恼。

近年来，代指高敏感人群的HSP（Highly Sensitive Person）一词逐渐为人所熟知（本书将HSP称为"高敏感人士"）。高敏感人士通过举办交流会在社交网络上相互联系，使这个圈子的范围不断扩大。事实上，高敏感人士在聚会时经常会谈论一个话题。

那就是："遇到这种情况，你们都是怎么做的？"

高敏感人士拥有敏锐的感受力，因为他们总是考虑他人的感受和处境，所以常常会遇到很多小的困扰。比如"怎样在不伤害他人的情况下拒绝他人的邀请？""不会和上司搭话怎么办？"等。有人给出的建议是："不想去就拒绝吧。"这种建议当然不错，然而，他们更想知道具体的做法，比如"找什么理由来拒绝他人""其他高敏感人士遇到相同的情况会怎么处理"。

本书要传递给你的正是这种"群体智慧"。在书中，笔者搜集了一些具体话术和个人经历，告诉你"当我想拒绝别人的邀请或上司指派的工作时，我是这样说的"。要知道，很多事情只要掌握了窍门就可以完美解决。这就是笔者撰写本书的初衷。

为了搜集更多的声音，除了高敏感人士的现身说法，笔者还面向 100 多位高敏感人士做了问卷调查，因此，本书可谓干货满满，相信可以帮助你充满活力地度过每一天。

当你遇到困扰或者感到烦恼时，你可以打开本书，看一看高敏感人士的"锦囊妙计"。如果这能够让你的心情豁然开朗，内心得到鼓舞，并帮助你找到真实的自我，那么笔者将感到无比欣慰。

你正在为一些微不足道的小事烦恼吗？

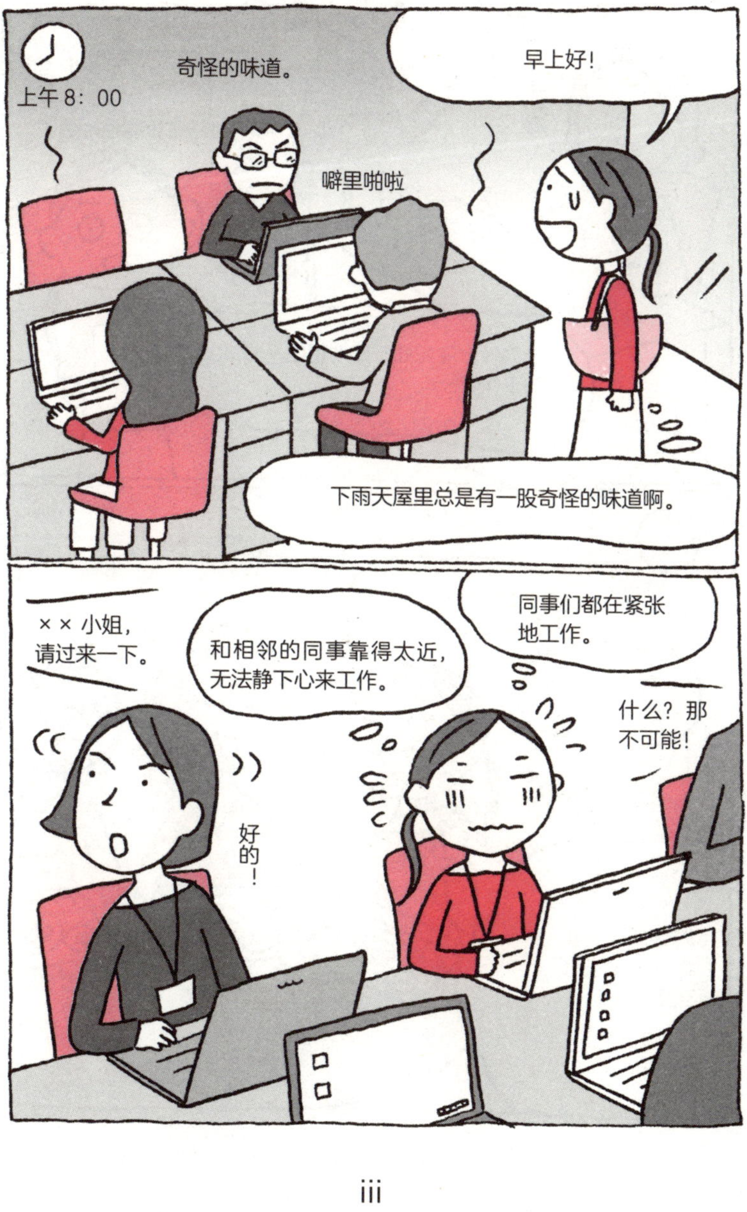

这项工作你来做可以吗？
我手头上的工作太多了，这个做不了！
这样啊。
咦，她这么干脆地拒绝了？
她为什么能如此干脆地拒绝不想做的工作呢？
午餐时间
最近过得怎么样？
有什么好事吗？
啊？哦……
也没什么特别的事……
闲聊真让人头疼，不知道怎么接话……

我是不是过于在意了?
呼!
我得让自己的内心更强大。

雅虎
工作，敏感
出来好多结果！原来很多人都和我一样!
被称为“HSP”（高敏感人士）吗？这说的是我吗？一会儿我要仔细看看。

下午1：00
我回来了。
○○小姐！
来……来了！
××小姐说她做不了这项工作，不好意思，请问你能帮忙做一下吗？
哦……好吧。
内心其实很想拒绝！
下午7：00
我明明很忙，却还是接下了这个任务……
网上说“不喜欢可以拒绝”，但在实际工作中要怎样说出口呢？

vii

本书的使用方法

你有这种困扰吗？

全部都是高敏感人士的智慧！

高敏感人士专业顾问的详细解说！

我说得对吧。

哇，内容好丰富！解决方案也不止一个！

好的！

就像去参加高敏感人群交流会那样，好好读一下吧！

注：本书中的问卷调查以网络问卷调查和面对面交流的形式展开。
网络问卷调查时间：2020.6.29—2020.7.1，问卷调查对象从"职场篇"和"个人篇"当中任选一个问题做出回答。
面对面交流调查时间：2020.3—2020.4，问卷调查对象对"职场篇"和"个人篇"的所有问题做出回答。本书共收集了138位高敏感人士的回答，其中134人参与了网络问卷调查，4人参与了面对面交流。

目 录

绪 章 高敏感人士轻松处理工作和人际关系的秘诀

第 1 章 解决人际关系烦恼的锦囊妙计
1. 喜欢和朋友玩，但是长时间待在一起会感到很累....15
2. 受到一点指责就情绪低落怎么办？......................19
3. 周围有人在发泄不满情绪，
   怎样才能巧妙地远离他们？..............................23
4. 所有准备工作都是我一个人在做！
   这让我很烦躁。我该怎么办？..............................31
5. 不知道应该说什么，不擅长闲聊 37
6. 我不擅长明确拒绝别人，有没有好的办法？..........43
7. 怎样才能找到合拍的朋友或者同为高敏感人士的
   伙伴？...47

高敏感人士
的幸福诀窍

8 怎样才能做到依靠别人，适当示弱？......................51
9 你会告诉周围的人自己是高敏感人士吗？..............57

第 2 章　解决职场烦恼的锦囊妙计

10 一直纠结什么时候找上司谈话，时间被白白浪费...63
11 同时做好几件事时，
　　我觉得自己要崩溃了..67
12 总是帮同事的忙，
　　结果耽误了自己的工作怎么办？..........................71
13 在职场中，听到同事被批评，自己也会很沮丧......75
14 上司和同事心情不好，自己也感到心累怎么办？...79
15 和同事的座位离得太近，
　　感觉自己被监视，无法专心工作.............................83
16 想指出他人的错误，又担心让他下不来台..............87
17 答应麻烦请求之后，你就会被看成"软柿子".......91
18 不擅长指挥别人做事..95
19 怎样才能巧妙拒绝被分派的工作？........................101
20 不想参加公司聚餐，小伙伴们都是怎样拒绝的？...105
21 在职场中一直强打精神，
　　每天都过得很累怎么办？..109

目录

第 3 章　解决日常烦恼的锦囊妙计

22 因为微不足道的小事而情绪低落怎么办? 119
23 对自己没有信心 125
24 怎样和令我头疼的人打交道? 131
25 怎样控制与社交软件的距离感? 135
26 看到关于突发事件的新闻报道,就会情绪低落 139
27 对温度、声音和光线很敏感怎么办? 143

第 4 章　发挥高敏感优势的锦囊妙计

28 敏感特质的用武之地(工作篇) 153
29 敏感特质的用武之地(个人生活篇) 161
30 你是怎样发现自己是高敏感人士的? 165
31 知道自己是高敏感人士后,
　 你的烦恼消失了吗? 169
32 怎样找到适合自己的工作? 173
33 什么地方让你觉得敏感也很好? 179

结　语　小小实践让你变得更坚强　　187

参考文献　　191

绪 章

高敏感人士轻松处理工作和人际关系的秘诀

什么是"高敏感人士"？

首先，我要对美国心理学家伊莱恩·阿伦（Elaine N.Aron）博士的理论做一下解读，并且简单介绍一下高敏感人士的定义（如果你事先对高敏感人士有所了解，那么可以直接从第1章开始读起）。

"长时间和人待在一起，我会感到很累。"

"如果周围有人心情不佳，我会感到紧张。"

"我会关注细枝末节，导致工作效率很低。"

"我容易感到疲惫，压力大到常常感觉身体不适。"

你是否也被这些烦恼困扰着？

有的人非常敏感，他们总能注意到旁人不会在意的小事。

在很长一段时间，高敏感人士所具有的这种敏感特质被社会误解了。人们认为敏感源自他们"过分在意其他事物"或者"过于认真"的性格。但是阿伦博士通过调查发

绪 章
高敏感人士轻松处理工作和人际关系的秘诀

现，在普通人群中，有五分之一的人"天生敏感"。

因此，敏感是一种与生俱来的特质，就像有些人天生个子高一样，有些人"天生敏感"。

阿伦博士将这类人命名为高敏感人士。高敏感人士在日语中常常被译为"非常敏感的人"或者"过于敏感的人"，这种译法带有一定的消极色彩，而笔者是从积极意义上来理解这种特质。因此，在本书中，笔者将HSP称为"高敏感人士"。

阿伦博士认为，高敏感人群和不敏感人群（本书称为"非敏感人士"）的大脑神经系统存在差异。当受到光、声音等刺激时，神经系统的反应程度因人而异。高敏感人士对刺激的反应比其他人更灵敏。

不仅仅是人类，据说在马、猴子等高等动物中，有15%~20%会对刺激做出敏感反应。通常认为，敏感个体的出现是为了种群生存的需要。

还有调查显示，高敏感人士从婴儿时期就开始表现出敏感特质。哈佛大学心理学家杰罗姆·凯根（Jerome

Kagan）通过调查研究发现，大约20%的婴儿对刺激的反应非常强烈。即使面对相同的刺激，他们的手脚也会大幅度摆动，弓背大哭，仿佛想要逃开。

"细腻""敏感"这些词往往给人一种听话、温顺的感觉，但实际上，高敏感人士也有很多不同的类型。

在他们当中，有的人喜欢面对人群侃侃而谈；有的人做事高效，在职场中担任领导角色。他们说："我在职场中说话直爽，干活麻利，因此，旁人完全看不出来我其实很敏感。"这样的人一般不会抱怨和发牢骚，在周围的人看来，这样的人总是踏实可靠，并且似乎没什么烦心事。然而，在与他们的交流过程中，笔者发现他们也有一些不为人知的烦恼，比如受到刺激容易感到疲惫、会因为职场人际关系中的一些小事而感到纠结等。

尽管他们性格各异，但是高敏感人士都有一个共同点，那就是他们会比非敏感人士更多、更深刻地感知和思考。

绪 章
高敏感人士轻松处理工作和人际关系的秘诀

高敏感人士的四个特质

既然高敏感人士性格各异,肯定会有人想:"那么到底什么样的人才算是'高敏感人士'呢?只要有一点点敏感都可以被称为'高敏感人士'吗?"

答案是否定的。阿伦博士认为,敏感特质一定要有以下四个特点(DOES)作为支撑。哪怕缺少一个,都算不上"高敏感人士"。

D:深度思考(Depth)

高敏感人士能够瞬间感知到多种事物,察觉到一般人容易忽略的细节。比起事物的表面,高敏感人士更倾向于关注事物的本质。

O:易被过度刺激(Overstimulation)

高敏感人士比其他人更善于察觉并处理信息,因此也比其他人更容易感到疲劳。加之他们对声音、光、热、冷、疼痛等都很敏感，即使在气氛愉悦的活动中也会因为受到外界刺激而感觉疲惫，同时也会因为兴奋而无法入睡。为了释放接收到的过多刺激，高敏感人士需要一段安静独处的时间。

E：感情反应强烈、共情能力强（Emotional & Empathy）

高敏感人士的共情能力强，容易被他人的想法和情绪所影响。比起非敏感人士，高敏感人士脑内的镜像神经元（能够让人产生共情的神经细胞）更为活跃。因此，这类人士不太喜欢看负面新闻及暴力电影等。

S：对细节的感知力强（Subtlety）

高敏感人士更易察觉到他人不易察觉的细微之处，如微小的声音、微弱的气味、交谈时对方的声调和情绪、他人对自己的嘲笑和鼓励等。当然，高敏感人士容易关注到的点因人而异，不能一概而论。

高敏感既不是疾病，也不是发育障碍，而是一种特质。由于高敏感人士感官敏锐，对光和声音非常敏感，所以有时会被误认为患有自闭症谱系障碍（自闭症、阿斯伯格综

绪 章
高敏感人士轻松处理工作和人际关系的秘诀

合征等）。但高敏感与自闭症谱系障碍完全不同。自闭症患者很难读懂他人的感受，而高敏感人士能轻易地感知他人的情绪，具有很强的同理心。

高敏感人士充满活力生活的三大要诀

高敏感人士怎样才能充满活力地生活呢?

关于工作与人际关系问题,笔者曾经与高敏感人士展开过交流。在笔者看来,以下3点非常重要。

1. 了解高敏感人士与非敏感人士之间的区别,珍视自己的敏感特质

对什么敏感以及敏感程度如何,这些都存在个体差异。高敏感人士不仅对自身之外的事物(例如他人的情绪、周围的气氛以及光和声音等环境变化)有着敏锐的感知力,他们对自己的身体状况、情绪、新想法等也有着超乎常人的敏感。

高敏感人士的感觉与非敏感人士的感觉大不相同。高敏感人士会很自然地注意到某件事,并把它指出来,而非敏感人士不会注意到,或者即使注意到了也只是觉得"好

绪 章
高敏感人士轻松处理工作和人际关系的秘诀

吧，没什么大不了的"。因此，在周围的人看来，高敏感人士有的时候"过于在意小事""神经质"，然后他们会被人提醒"你太过在意了""你想多了"。

部分高敏感人士从小就感觉自己和周围人不一样，但又不知道哪里不一样，就那样懵懂地长大。因为感觉是与生俱来的，所以很难进行客观比较。周围人与我的感受竟然不一样——他们感受到的东西没有我多，也不如我想得细致——这简直难以想象！

自己的感受与周围人的感受可能会有不同。这里不存在优劣之分，仅仅只是"不同"而已。高敏感人士只要珍视自己的敏感特质，就能做到充满活力地生活。这是高敏感人士首先要知道的一点。

只要了解双方的差异，就能减少与周围人的分歧。面对别人没有察觉，而你意识到了的问题，以前你会想："为什么他们没注意到问题呢？面对问题为什么他们能若无其事呢？"现在你就会理解对方："这样啊，他们只是没注意到而已，大概我们的感受不一样。"

2. 重视自己的心声和感受

充满活力地生活的第二个要诀是重视自己的心声和感受。

如果不能彻底信任自己的感觉，总是怀疑"我的感觉是不是出了什么问题"，那么当你遇到难处时，就容易把责任归咎于自己，"我太软弱了，这样可不行""我一定得改变敏感的性格"。你也很容易把别人的想法凌驾于自己的想法之上，把别人的想法当作自己行动的标准。

无论和周围人的感受多么不同，你的感受对你来说都是真实的。

你要倾听自己的心声和感受，信任自己，坚持"我就是这样想的""我就是这样感觉的"的想法。

3. 选择适合自己的环境

因为高敏感人士天生拥有强大的感知力，所以当他们身处适合自己的环境时，便能从周围人或者工作中获得能量，精力充沛地工作和生活。但是一旦身处不适合自己的环境时，他们会体验到双倍的违和感和冰冷的气氛，不断地消耗自身能量。就像我们不会只感受到寒冷或者炎热一

绪　章
高敏感人士轻松处理工作和人际关系的秘诀

样，高敏感人士也不可能只感受到好的一面。

因此，我们一定要重视自己的心声，选择适合自己的人际关系和工作，这一点非常重要。

高敏感人士
的幸福诀窍

敏感是一种能让你充分感知幸福的特质

细腻、敏感带给你的并不总是困扰。虽然因为对细节的感知力强，所以你容易感到疲倦，但是，你也会因为清晨灿烂的阳光而感到幸福，会因为咖啡店工作人员的笑脸而感到快乐。哪怕每天微不足道的小幸福，你都能够充分感受到并尽情地去享受。

在第4章中，笔者会详细介绍高敏感人士的优势，希望能够帮助你了解更多关于敏感这种特质的优点。

说明到这里就结束了，让我们直奔主题吧。

高敏感人士应该怎样应对工作和人际关系中的苦恼？在下文中，笔者将介绍高敏感小伙伴们的锦囊妙计，并一一做出解说。

第 1 章

解决人际关系烦恼的锦囊妙计

明天一起吃午饭怎么样?
想和她见面，但是待在一起时间长了会很累啊。
明天一起吃午饭怎么样？
好啊！
但是我明天只能待到下午两点，行吗?
可以呀！
当天
啊，已经两点了，我要回去啦！
哦，好的，再见！
啊，玩得好开心！

1 喜欢和朋友玩，但是长时间待在一起会感到很累

和好朋友一起玩很开心，但是时间一长就会感到很累，想早点回家。你明明很喜欢她，却会出现这种情绪，感觉很苦恼。不少高敏感人士都有这样的烦恼。怎样做才能既不勉强自己，又能玩得开心呢？

提前了解自己能和朋友待多长时间

横山　我每次和朋友出去玩的时候，都会提前几天做好心理准备。我会模拟多种聚会方式，想象在哪些情况下我们会去哪里玩。但是即使和好朋友一起玩，我最多也只能坚持4个小时。一直在咖啡馆面对面聊天，我会感觉很累，所以我们会在中途换一个地方。热闹的主题公园对我的刺激太大，因此，我会选择动物牧场这种地方，那里能让我心情平静。

让周围朋友知道我比别人更容易感到累

高田　我会和朋友说："我累了。"（笑）于是大家就慢慢知道了我比别人更容易感到累。因此，之后聚会时我就不必强打精神，勉强自己保持高涨的情绪了。在我觉得累的时候，我会让自己休息一下，这样很放松。

独处休息一下就放松下来了

小青　和朋友一起玩，分别之后我会独处休息一会儿，听听音乐、喝喝茶，总之要一个人待着，让身体放松，这样就会很舒服。回家之后，朋友会发信息告诉我："今天玩得很开心。"看到信息之后，我并不会马上回复她，因为太累了，所以我会在第二天回复。没有及时给朋友回复，我会有点内疚，但是在心情疲惫的时候回复信息，会把我的情绪带入其中，反而很失礼，所以我干脆好好休息了。

除此之外，还有这些小妙招！

我提前告诉朋友："我今天几点要回家。"这样就感觉轻松了。	一味地听别人说话真的很累，因此，我会不露声色地带入自己感兴趣的话题。	遇到喜欢的朋友，恨不得把自己的空余时间都抽出来和她一起玩。但是我告诉自己不要这样做，我会特意隔几天去找她，这样就不会太累。
小Q	美穗	千秋

第1章
解决人际关系烦恼的锦囊妙计

了解自己的极限，
以便在适当的时间结束约会

高敏感人士拥有强大的感知力，因此，他们会接收大量信息，比如周围人的面部表情、细微的动作、说话的语气等。无论与他人的关系多么亲密，时间一长，他们都会因为接收过量信息而感到疲惫。我们经常听到高敏感人士说："虽然玩的时候很高兴，但是回家之后我就累瘫了。"

和朋友玩耍，首先要知道自己的极限在哪里。例如，3个人一起玩，90分钟就很合适；如果是一对一，那么最多能玩3个小时。出去玩之前，提前和朋友说好："我几点之前就要回家。"这样做可以防止玩的当天有顾虑，不好意思说出口。如果玩的时候感到有些疲惫，不要瞻前顾后，要直接和朋友说："今天就玩到这里，我要回家了。"比起郑重其事的道歉，这样轻松地说出来带给对方的负担更小。

高敏感人士
的幸福诀窍

当你直接说出来，对方也会说："啊，是吗，那再见咯。"

此外，还有其他方法可以减少刺激：

- 用并排坐着交谈代替面对面交流（选择吧台座位）。
- 穿插去做其他事情，从对方身上收回注意力（频繁地去洗手间、看橱窗或者其他东西）。

除了敏感特质，还有其他因素也会让人容易感到累，比如处处优先考虑对方。对方说话滔滔不绝，因此你选择充当倾听者，即使很累也保持微笑。这样一来，无法表露的情感就会积压在内心，你就会感到疲惫。遇到这种情况，你可以提出自己感兴趣的话题、向对方提议到自己想去的店逛逛等。总之，要重视"我想干什么"，这样一来，和朋友一起玩时的疲惫感就会减轻。

要点：如果是真正的好朋友，你们的关系不会因你提要求而受到影响，所以不要担心，大胆地去做吧！

2 受到一点指责就情绪低落怎么办？

在与同事或朋友的交往中，对方的一句话令你大受打击，久久无法释怀……高敏感人士总是想得很多，即使对方不经意间说出一句话，你也会耿耿于怀。遇到这种情况，其他的高敏感小伙伴会怎么做呢？

画一幅图，把自己与指摘内容分开看待

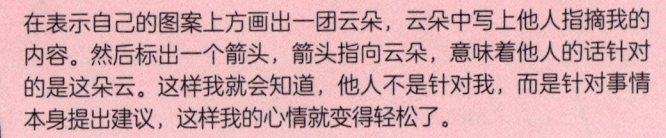

在表示自己的图案上方画出一团云朵，云朵中写上他人指摘我的内容。然后标出一个箭头，箭头指向云朵，意味着他人的话针对的是这朵云。这样我就会知道，他人不是针对我，而是针对事情本身提出建议，这样我的心情就变得轻松了。

和好朋友聊聊天就能放松下来

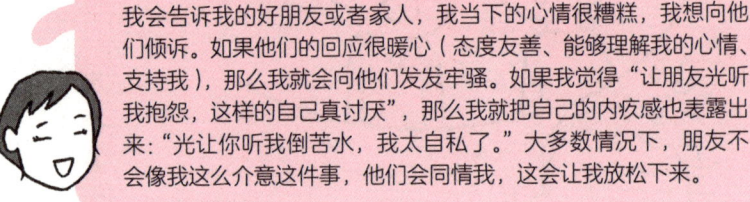

我会告诉我的好朋友或者家人，我当下的心情很糟糕，我想向他们倾诉。如果他们的回应很暖心（态度友善、能够理解我的心情、支持我），那么我就会向他们发发牢骚。如果我觉得"让朋友光听我抱怨，这样的自己真讨厌"，那么我就把自己的内疚感也表露出来："光让你听我倒苦水，我太自私了。"大多数情况下，朋友不会像我这么介意这件事，他们会同情我，这会让我放松下来。

选择性地看网评，把当时无法回应的话写到日记中

横山　参加完舞台剧后，我收到的评价中 95% 是差评，好评仅占 5%。差评涉及方方面面，一开始我很受打击，但现在我会选择性地去看那些中肯的评论。另外，我不再像以前那样随意参加舞台剧研习会了。我还会把当时无法回应网友的话写到日记中，这种方法也会让我的心情更放松。

除此之外，还有这些小妙招！

我会告诉自己，我和其他人不一样，这很好。	我会不断在脑海中重复小岛义雄的话："但是那有什么关系呢！"	我会走出门，看看周围的风景，呼吸新鲜空气，这样我就会冷静下来。
小春	雅子	蜜瓜

第 1 章
解决人际关系烦恼的锦囊妙计

只要接受自己被批评时的情绪，波动的心情就会平复

高敏感人士相较于非敏感人士容易想更多。当被周围的人批评时，他们会不断地反思自己的行为，心想："我当时如果这样做就好了。"他们还会推测他人为什么会这样说，暗自琢磨："他出于什么目的说出这番话。"总之，他人的一句话会在他们心中掀起轩然大波。

遇到这种情况，你首先要做的是倾听自己当时的感受。如果你当时的感受是"被人那样说，真讨厌呀！""太受打击了！"，那么你要肯定这种情绪，对自己说："是呀，太讨厌了！""真的大吃一惊呢！"只要你肯定了自己的情绪，波动的心情就会逐渐平复下来。

另外，你还要琢磨一下他人说的对不对。高敏感人士容易不假思索地认可他人的话，我认为这是不恰当的，你

高敏感人士的幸福诀窍

需要在对方的话后面打上问号，想一想："他说的是对的吗？"一旦你有根深蒂固的自我否定的想法，他人的话就会直接击中你，伤害你。然而，当你对他人的话产生怀疑时，这种疑问就变成了过滤器，保护你免受伤害。

一个人所说的话往往反映出他的处世方式。如果他告诉别人"你应该这样做""你不能做××事"，就说明他觉得"自己必须这样做""自己不能做××事"。比如，一个人提醒你"你要更认真地去做事"，那么他一定是一个自我要求非常严格的人。了解了语言背后的含义，你就会知道"原来他一直生活在这样的束缚中"，这样你就会不那么介意被他批评了。

你要做到尽量远离那些常说丧气话的人，尽量与那些能让你振奋、鼓励你的人在一起。

要点

他人的话是对他自己说的。

3 周围有人在发泄不满情绪，怎样才能巧妙地远离他们？

有的人总是以"能听我说几句吗"开头，然后就开始抱怨和表达不满。"我其实不想听她说，但又觉得不让她说不太好……"于是就这样应付着，变成了听她没完没了地说。怎样做才能从他人的抱怨和不满中逃开呢？

不要过度共情，敢于做到视而不见

洋甘菊　通过敏感的感知能力，我非常清楚对方希望我追问什么，希望我在哪里与她共情（啊，她这样说是希望我和她站在一边；啊，她这样说表明她在发火），但如果我能够做到视而不见，不接她的话，对方就会失去那种酣畅淋漓的感觉，就不会再谈论那些事情了。

不要马上回复她，要想办法减少回复次数

铃奈　如果使用 Line[1] 等软件聊天，你回复得越快，你们交流的次数就会越多。因此，我会在晚上睡觉前或者第二天早上回复对方，告诉她："抱歉，我太忙了，所以回复晚了。"像这样想方设法地减少回复次数，你烦恼的次数就会相应减少，心情也就更轻松了。

如果不喜欢听，那就走开

小丸　我的答案是——从那里走开！不过有时候做到这一点很难，比如只有你和对方两个人的时候。以前，在一些不太重要的场合，即使直接离开完全没问题，我也做不到一走了之。我会很纠结：如果我离开了，对方会怎么想？这样做会不会让气氛变得尴尬？我过于在意周围人的想法，因此一直在忍耐。但现在的我变了，当我不想再听下去的时候，我会悄悄离开，这样我就不会受到不必要的刺激了。

除此之外，还有这些小妙招！

我会告诉对方："这个话题让我感到很累。"	我会告诉对方："我要去洗手间。""我要打个电话。""我有事情。"然后不着痕迹地离开那里。
美优	可可

---

[1] Line 是韩国互联网集团 NHN 在日本的子公司 NHN Japan 推出的一款即时的通信软件。——编者注

第 1 章
解决人际关系烦恼的锦囊妙计

优先考虑自己的感受，告诉她你不想听了，或者告诉她"我只能听 10 分钟"

尽管每个人的情况各不相同，但大多数高敏感人士都属于倾听者。因为他们会站在他人立场上，设身处地为对方着想，所以在对方看来，高敏感人士很好说话，让人觉得"他能理解我"。

高敏感人士擅长倾听，这是他们的一大长处，可以在工作和生活中发挥优势。但是这种力量的发挥必须基于自己的意愿。当你不想听的时候，你就要逃开，不要去听了。

想要逃避他人的牢骚话，可以试试这几种方法。

1. 转移话题

你可能觉得转移话题很难，但其实只要采用"话说回来""这么说"这种措辞，就可以很自然地转换话题。

即使对方的事情还没说完，还想接着说，你也要把话题转移到自己想说的事情上。比如："啊，这样啊。话说回来……""是吗？这么说，昨天电视节目中……"一旦尝试做一次，你就会发现，转移话题其实非常简单！

2. 告诉对方你很累

电风扇　我会告诉对方自己的感受，和他说："对不起，我不太想听了。""再听下去我会很难受。"通常，听到你这样说，对方都会道歉，然后中止话题。

花丸　如果听得很累，我会举手示意对方，告诉他："对不起，我很想听你说下去，但是我有点累，我们休息一下行吗？"这样做既照顾了对方的感受，又能传达出你身体不适，希望对方为你着想的信号。

在问卷调查中，很多人的选择都像上文那样，告诉对方自己累了。说话的人在兴头上往往会忽视倾听的人的感受，如果我们提醒他，他就会意识到"糟了"，然后主动中止话题。

我的朋友曾经也和我长篇大论地聊天，不过不是发牢骚，而是讲她的恋爱故事。当时我会笑着说："哎呀，好

第 1 章
解决人际关系烦恼的锦囊妙计

饱！"然后她就会明白我的意思，不再说下去了。

3. 做总结

糯米团子 我会总结对方说的话，比如"你好难啊"。

有一个好办法，那就是不否定他人的话，而是为他的话做总结。

如果你们通过短信聊天，你就可以这样说："你太辛苦了，要好好休息哟！"听到你这样说，对方就很难再继续之前的话题。

4. 提出建议

提出建议也是阻止对方向你发牢骚的方法之一，尽管操作起来比较难。对方向你抱怨，绝大多数情况都是想要愉快地聊天，他只想你听他倾诉，与他共情，去安慰他，并不想寻求具体的建议，所以他不会和一个上来就提建议的人发牢骚。

5. 告诉对方你能听他说多长时间，或者告诉对方你什么时候方便听他说

美优 我会限定好时间，告诉他："接下来我有事，所

以只能听你说十分钟。"

当收到"我想和你说件事"的信息时,我会问他:"明天行吗?"借此错开聊天时机。

如果这位朋友牢骚特别多,我会告诉他:"我现在有点忙,等我忙完了再和你联系吧。"

牢骚和不满情绪总有一个顶点。当对方说"我想和你说件事"的时候,他的不满情绪达到顶峰,他急切地想要找人倾诉。因此,这时你不要马上听他说,而要错开这个时机,问问他:"明天听你说行吗?"这样让对方自行消化一段时间,他的倾诉欲望就会慢慢减退。

不要被对方牵着鼻子走,而要告诉对方你什么时候方便,和他说:"明天的话,我可以听你说。""×点之前我有时间。"把自己的时间告诉对方,这有助于你们维护关系。如果你总是扮演"情绪垃圾桶"的角色,那么他就会觉得"这个人随时都会听我说任何事"。如果你表达自己的想法,相当于告诉他:"我并不能随时听你倾诉所有事情。""我也有自己的事情要做。"这样你被迫听人长篇大论发牢骚的烦

第1章
解决人际关系烦恼的锦囊妙计

恼就会逐渐减少。

6. 物理性逃离

对方开始发牢骚时，你可以说："哦，这样啊。"然后离席去洗手间或者去便利店，从那里逃开。

一位咨询者告诉我："在职场中，我成了前辈的'情绪垃圾桶'。"我问她怎么回事，她说："其他人都逃开了，如果连我也走了的话，周围就没有人听她说话了。""她本性不坏，如果我听她发发牢骚，说不定她就改变了呢。"她言辞之间充满了对对方的同情。然而，当我问她"那你喜欢她吗"的时候，她却说："我不喜欢她。"

从不翻脸，谁的牢骚都去倾听，乍见之下似乎是好事，但做得过度了就很危险。因为领导会说："别人做不了，但我觉得你肯定能做到完美。"然后把你分派到挑剔的上司手下做事，或者让你去应对那些难缠的客户。

听一个销售人员说，他所在的公司里有个总是心情郁闷的上司，每当上司开始发牢骚时，大家都出去跑业务，最后她周围一个人都没有。那位销售人员是高敏感人士，

高敏感人士
的幸福诀窍

总是瞻前顾后,所以逃得比较慢,但是他还是觉得如果能和周围的人一起逃掉就太好了。

与其苦恼"怎样轻松地倾听",不如正视自己"不想听下去"的真实想法,去上厕所或者去别的地方找点事做,总之就是赶紧想办法从这样的人身边逃走。

> **要点**
> 无须想办法帮助他人,要正视自己"不想听下去"的真实感受。

4 所有准备工作都是我一个人在做！这让我很烦躁。我该怎么办？

> 还要打扫卫生。
>
> 唉……

高敏感人士会在意一些琐事，无论工作上还是生活上，他们都喜欢提前把事情做好。然而，如果只有自己在做，他们就会感到很焦躁，并且希望其他人帮忙做一点。这种情况应该怎么办呢？

和家人商量，共同分担

川口　比起家人，我做的家务更多，只要我看到了，总会不自觉地把家务做好。明明是自己主动去做的，但我还是感到越来越累……于是我和家人商量，为每个人重新分配任务，在那之后我就感到轻松多了。

把要做的事放在那里，不去管它，没想到其他人也会去做

千秋　当我发现自己冒出"为什么只有我在做，其他人都不干活"的想法时，我就会特意屏蔽所有关于这件事的信息，什么都不去做。出乎意料地，家人、朋友着手去做了。很多时候我发现是自己过于心急了，自顾自地认为我必须得去安排这件事。

只做你想做的事

小春　我会尽量选择那些"因为我想做，所以我才去做"的事情去做，这样它就不会成为一种负担。如果我做是出于自己的意愿，即使一个人我也愿意去做，那我就不会出现负面情绪。

除此之外，还有这些小妙招！

我告诉他"这次你来做"。

　　　　　　　　　　叶里

最好的方法是制定好规则，比如"感到累的时候可以什么都不做，把手头的活放下就行""不必一次都做完（饭后分多次清洗餐具等）"。不要勉强自己，这样一来你们彼此的压力都会减轻，也更能互相体谅对方了。

　　　　　　　　　　电风扇

第1章
解决人际关系烦恼的锦囊妙计

用心感受"我想干什么"比用大脑思考"我应该干什么"更重要

高敏感人士的特点是擅长深层思考,这包含了两个意思,一个是想得深,另一个是想得多。想得多意思是他们在脑海中不经意间就会浮现出"这件事这样做更好""这里没关系吧"等各种各样的想法。

不仅在工作中,就连在家务和旅行准备等生活方面,高敏感人士也会比其他人关注得更多。如果要把关注到的这些事情全部做完,他们就会累积很多琐碎的小任务。

善于观察是高敏感人士的优点,周围人也会因为他们事无巨细的关照而获益。然而,无论是在工作上还是生活中,当你感到焦躁,不满"只有自己在做事"时,那就说明你做得太多了。这时你要暂时停下来,好好想想自己到底想做什么,倾听自己内心真实的声音。

高敏感人士的幸福诀窍

我为什么告诉你要倾听自己内心真实的声音呢？这是因为你之所以感到焦躁，原因在于你真正想做的事不是你现在正在做的事。你内心的"想做什么"与大脑中的"应该做什么"产生了冲突，你正在被"应该做什么"支配着。

要把内心的真实想法与大脑的理性思考区分开来，我们可以看一下下面这个理论。精神科医生泉谷闲示[1]将人分为"大脑"和"身心（身体及心灵）"两部分，并给出了这样的解释：

大脑是理性的根据地，擅长分析过去、模拟未来。大脑有掌控一切的倾向，因此它常告诉我们"应该……""不能……"。心是情感、欲求、感觉（直觉）的根据地，它更注重"此时此刻"。心会告诉我们"我想……""我不想……""我喜欢……""我不喜欢……"。心和身是一体的，如果大脑关闭了接收来自内心信号的渠道，那么这些不被倾听的内心的声音就会成为症状反映在身体上。（引自泉谷闲示《"普通即可"之病症》一书）

---

[1] 泉谷闲示，日本精神科医生，作曲家。毕业于东北大学医学系。——编者注

第1章
解决人际关系烦恼的锦囊妙计

根据泉谷先生的学说,我尝试利用右侧的插图表示我对内心感受与大脑思考之间关系的理解。当我们心情烦躁地工作或者做家务时,我们内心发出的"我想……"真实的声音被大脑发出的"必须……"的理性思考所覆盖,内心的真实声音无法呈现出来。

以做家务为例
- 理性思考(大脑)
"必须这样做 / 只有这样做才会更顺利"
- 心声(心灵、身体)
"不喜欢、厌恶!/ 我不想这样做!"

(插图:外圈"应该一直保持微笑""我必须得做""因为对方也很忙""思考";内圈"我想休息""心声")

因此,当你感到非常焦躁的时候,你要暂时把手里的工作停下来,深呼吸。

你要认真倾听自己的心声,弄清楚自己真正想要做什么。不要把注意力放在他人身上,希望他人为你做些什么,而要去关注"我想做什么",把自己放在最重要的位置。

高敏感人士
的幸福诀窍

在家务分担方面，你要求他人做这个做那个，但其实你的真实想法可能是"我很累了，我想要休息"或者"我想做其他事情"。

当你察觉到自己的真实感受时，就主动去遵从它们。休息一下，哪怕只有五分钟。喝点热茶，把家务放到一边，做自己想做的事。当你做你内心想做的事时，你的烦躁心情很快就会平复。

然后在心平气和的状态下，你可以问问对方："我现在也很忙，你能做一下家务吗？"或者与他讨论分工方案："我来做这个，你来做那个怎么样？"

当你感到焦躁不安时，就停下手头的工作，去做你真正想做的事。等你心情平静下来，再和对方商量如何分工。只要把握好这个顺序，你就能避免在烦躁的状态下去工作或做家务，你的生活也会更加安稳、平静。

> **要点**
> 感到烦躁就停下手里的工作，遵从内心的感受。

5 不知道应该说什么，不擅长闲聊

今……今天天气不错……

"我说话一定得机灵点""我得讲点他感兴趣的话题"……你越是这样想，越觉得闲聊这件事太难。聊天也好，不聊天也罢，怎样才能淡定地与对方相处呢？我们可以从高敏感人士的特质方面探讨一下解决方法。

让对方寻找话题，自己充当倾听者

花丸　不要勉强自己寻找话题，而是把寻找话题的工作交给对方。要认识到自己擅长的是倾听，顺其自然地做一个倾听者，这样你反而可以更轻松地与人相处。

只要想想"他可能也不擅长闲聊"，我就会放松下来

川口　和熟人一对一聊天我没有问题，但和陌生人或者和很多人一起聊天的话，我会介意别人对我的看法，因此我会强迫自己迎合他们。不过当我想到"他可能也并不擅长聊天"时，我就会放松下来，想着"我不擅长聊天，这也是没办法的事情"，这样我就能长舒一口气。

应和对方的话，并与对方保持距离

电风扇　对于我不感兴趣的话题，我会神游天外。这让我很舒服，因此，我会一直保持这种状态。我会时不时地应和着"原来是这样啊"，同时把身体靠在椅背上，与对方保持适当的距离。我还会中途上个厕所。高敏感人士很在意在对方眼里"自己对这场对话是否热心"，这种在意甚至到了令人不安的程度，但实际上对方几乎不会注意到这一点。

除此之外，还有这些小妙招！

我不擅长闲聊。因为我说话经常前言不搭后语，整个人都会很慌乱，所以我不会强迫自己去聊天，通常只是和人打个招呼。
　　　　　　黄色鲸鱼

请记住，大多数人并不会真正倾听别人说话，因此，即使你说得有点奇怪，他也不会介意。
　　　　　　小春

第1章
解决人际关系烦恼的锦囊妙计

思考的深度和感受方式因人而异

点头之交也不错

你觉得自己很不擅长聊天，一般源于以下几种情况（其实我认为我们不必强迫自己与他人聊天，但如果你真的希望自己会聊天，那么请从第二种情况开始看）。

第一种情况是"和对方相处不来"。换句话说，你与对方话不投机，对他没有兴趣。很多人都是抱着促进关系的愿望和对方聊天，但人群中有的人与你合得来，有的人与你合不来，这是很正常的事情。我们应该这样想：如果不能愉快地聊天，那么简单地打个招呼也可以。抱着"我们只是点头之交"的想法，与对方保持距离，这样你会更轻松，心情反而会变得更愉快。

第二种情况是认为"即使聊我自己，你也不会理解我"，因此无意识地保护自己。如果一个人在成长过程中总是被人否定、不被人理解，那么他可能会认为"对方对我说的话不感兴趣"。

如果你属于这种情况，那么请试着把自己的所思所想都说出来，即使你说的事情平淡无奇也没关系。对方对话题的感兴趣程度可能超乎你的想象，他可能会饶有兴致地听你说，还会时不时地接话："居然是这样啊！"当你越来越愿意把自己的想法说出来，并且被对方接受时，你会觉得"闲聊也不错啊"。

第三种情况是"你想要更深入地交流，觉得浅尝辄止的话题（闲聊）没有意义"。高敏感人士常常关注事物的本质，而不是表面，他们希望深入探寻自己感兴趣的东西。有的时候他们希望以一种轻松的姿态，就像谈论"今天天气不错哦"那样，热心地探讨人生意义、政治局势、改进工作、哲理故事等话题。

如果你们对同一话题的感兴趣程度不同，那么你可能

第1章
解决人际关系烦恼的锦囊妙计

凑不上热闹，或者即使你们谈论的是同一个话题，也可能各说各话，听不懂对方在说什么。要记住，话题深度没有好坏之分，只是每个人的兴趣不同而已。

如果你想找一个可以与你进行深度交流的人，你可以去社交媒体发布你的兴趣爱好，或者去你感兴趣的地方，寻找志同道合的伙伴。哪怕只找到一位可以与你进行深度交流的人，你也会感到满足，并且，你会意外地发现没有深度的闲聊居然也很不错。

最后，也是第四种情况是"一开始就不明白什么是真正的闲聊"。有的人在讨论工作或者报告时可以侃侃而谈，但闲聊时就非常困惑："闲聊的意义究竟是什么？"他们不知道为什么要闲聊，也不知道要聊些什么，满脑袋都是问号。事实上，我有很多年都是这样的。

这或许与一个人的成长环境有一定关系。在我的家庭中，几乎没有无目的的、玩闹式的交流互动，比如父母与子女的日常聊天、对子女的一些琐碎唠叨等都是不存在的。因此，我不知道为什么要闲聊，也不知道应该如何闲聊。

高敏感人士的幸福诀窍

然而，在我长大后，我遇到了许许多多的人，在和他们的交往中，我经历过多次闲聊的场面。有一次，我突然从对方"雨停了，太好了"的话中，感受到他人对我的关心，这让我很高兴。

因此，我知道"闲聊中也包含了对方温暖的善意""不聊一聊怎么能知道对方感兴趣的点呢"，就这样，我逐渐开始向他人敞开心扉，后来就接受了闲聊。

当我逐渐学会和人闲聊，我意识到闲聊不带有目的性，它就像一只小狗在玩耍。即使在工作中产生矛盾，觉得对方"真是混蛋"（笑），我也会偶尔通过闲聊找到与他的共同点，从而感到心里很温暖。

即使没有任何目的或者与对方话不投机，如果你能把偶然想到的事情说出来，那谈话也会变成闲聊。

> **要点**
> 不聊一聊就不知道对方感兴趣的点在哪里。要试着把想到的事情说出来。

6 我不擅长明确拒绝别人，有没有好的办法？

从微不足道的工作请求到生活中的邀请，很多情况我们想拒绝，却苦于找不到好办法。过多地为对方考虑，勉强自己答应下来，最后却让自己感觉很累。怎样做才能轻松地拒绝别人呢？

"让自己休息"也是要紧事

横山　以前，每天如果没有事做，我就会感到无所适从，因此，我总是答应别人的邀请。但那样太累了，所以现在我会拒绝他，告诉他"我还有事"。我认为让自己休息也是一件重要的事情。

不要勉强自己，要告诉对方"对不起，那天我去不了"

川口　我已经不再说"咱们下次再约"这种社交辞令了。在我知道自己是高敏感人士之后，我就不再勉强自己了。对于他人的邀请，如果我不想去，我就不会答应他。通常我不会告诉他详细的理由，只是说："对不起，那天我去不了。"对于我完全没兴趣的邀约，尽管对对方感到抱歉，我仍然不会和他说："咱们下次再约。"如果你真的想去，你自然会答应他。

告诉自己"我必须拒绝他"

绵羊　对于关系好的朋友，你可以笑着说"哎呀，不要了"，直接拒绝掉。如果你和对方不熟，那么可以说："对不起，这个有点难办……"要让他看出来你很为难。重点是你要内心坚定，要告诉自己："我必须拒绝他。明明做不到还答应下来反而会给他带来困扰。"如果对方无论如何也坚持邀约，那你可以和他商量一下，找出双方都能接受的方法。

除此之外，还有这些小妙招！

我太累了，没办法直接拒绝他，于是我写了一封信给他，内容是"让我休息一下"。	我改变想法了，只和那些不介意被我拒绝的人交往。这样的人不会因为被拒绝而生气，我和这样的人打交道很省心，我知道他不介意被我拒绝，这让我感到很轻松。	我拒绝了邀请，我和对方说："虽然我很想去，但是不好意思，最近我感觉很累。等我感觉好点了我再联系你吧。"我的确很累，对方也没有再强迫我，这样很好。
小杰	电风扇	铃奈

第1章
解决人际关系烦恼的锦囊妙计

明快地说出"不"字，结果居然很不错

高敏感人士在和人交往的时候，总是考虑到对方的处境和感受，因此，他们常常会有这样的烦恼："我不擅长说'不'，怎样做才能既不让他人感到不快，又能拒绝他呢？"

我建议高敏感人士用轻松、愉快的语气拒绝别人的邀请。对于不太重要的请求或邀约，你可以用轻快、愉悦的语气简单地说："抱歉，那天我去不了。"或者"这个有点难办。"理由可以说出来，也可以不说，如果你不想以后收到相同的邀约，就告诉对方"其实我不擅长参加这类活动"。我与那些不擅长说"不"的人交流过，了解过他们的想法。他们担心"一旦拒绝对方，他可能对我不满""他可能会被我伤害""拒绝过一次，他可能不会再找我了"等。他们把"是否接受邀请"和"人际关系"联系到了一起。

善于说"不"的人擅长就事论事。在他们看来,"是否接受邀请"与"人际关系"在某种程度上是两码事,他们认为"即使这次我拒绝他了,下次遇到事情他也会和我说,我们仍然能够维持良好的关系"。

只要把"是否接受邀请"与"人际关系"区分开,你就能发现拒绝不是一件难事,说"不"将变成一件很轻松的事。

不擅长拒绝别人的人也很难接受被别人拒绝,一旦被拒绝,他们很容易受到伤害。然而,当你不断积累轻松拒绝的经验之后,你会发现拒绝并不是一件大不了的事情,它与自己的价值没有直接关系,然后你就逐渐能接受自己被人拒绝。当被拒绝的时候,你能够轻松地想:"这样啊,大概他这次不方便。"

要点

当你明白"即使拒绝了对方,也不会影响你们的关系"之后,就能够轻松说出"不"字了。

7 怎样才能找到合拍的朋友或者同为高敏感人士的伙伴？

在哪里能找到合拍的人呢？

有时我们会听到高敏感人士说："想找个能说真心话的人。""想找到同为高敏感人士的伙伴，但在职场和学校等日常生活中遇不到那样的人。"那么，怎样才能找到合拍的人，或者可以和自己聊聊这种敏感性格的人呢？让我们看看高敏感小伙伴的说法吧。

通过闲聊找人

横山　我通过闲聊找人。我觉得重要的是靠直觉，我能通过直觉发现"这个人就是我要找的人"。在见到的十个人当中会有一个人是高敏感人士。高敏感人士的存在让我感到很安心。

研讨会上的小组讨论能让人打开话匣子

绵羊　因为我很喜欢学习，所以经常参加研讨会。研讨会的主题多种多样，包括潜水、瑜伽、手工、心理学、占卜、创业等。我会和周围的小伙伴打招呼，参与小组讨论，这种方式会让我打开话匣子，并与小伙伴互换联系方式，然后我们就开始交往了。

不过于频繁地见面，保持适当的距离感才会让人感到舒服

小Q　我们是在游泳时遇到的。当时，我们一起上游泳课，我发现我们两个人在某些方面非常相似，比如我们都在意周围人的感受、我们对教练的话都有相同的理解等。于是我就想："和她太合拍了，她肯定和我一样，都是高敏感人士。"就这样，两个人的关系逐渐密切起来。只是我们都不擅长邀约别人，所以只在游泳课的时候聊天，课程结束后半年才约过一次午饭。不过，我认为正是这种不过于频繁地见面的距离感才让人觉得舒服。

除此之外，还有这些小妙招！

我会利用推特搜索那些和自己做相同事情的人，并主动和他们打招呼。	我下决心参加了一次研讨会。在那里，我找到了与自己合拍的人，并且至今仍然与他保持着联系。	我在资格考试的补习学校遇到了她，直觉告诉我，我和她似乎能成为朋友，于是我就主动和她打招呼了。现在，我们已经是非常合拍的好朋友了。
M.N	空矢	Mk

第1章
解决人际关系烦恼的锦囊妙计

去做自己想做的事，你会遇到合拍的伙伴

在我的问卷调查中有一道问题是"怎样找到合拍之人"，有人给出了如下答案：去自己想去的地方，比如同好会、研讨会，然后你会发现一个人，不知为什么，就对他印象很好，于是主动打招呼，就这样成了朋友。

当你正在做着自己想做的事情，在这一过程中，你自然会遇到价值观一致、与自己合拍的人。高敏感人士有敏锐的直觉，他们会莫名产生一种感觉，觉得"我和他或许能成为朋友"。请一定好好利用这种直觉。

如果想寻找高敏感小伙伴，可以参加高敏感人群交流会。据说在这种活动上每5人当中会有1人是高敏感人士。尽管比例甚高，但是大多数人无法在自己的周围找到他们。说起高敏感人士，人们总认为他们是安静、温顺的，但实际上他

们的性格各异，有人喜欢在人前侃侃而谈，也有人稳重沉静。在职场中，人们都戴上了盔甲，不会将自己细腻、敏感的一面暴露出来，所以旁人无从分辨他人是不是高敏感人士。

高敏感人群交流会中汇集了很多高敏感人士，这些人在日常生活中很难被周围的人发现。交流会通常由高敏感人士主办，举办地点遍布全国各地，有的还可以在线参与。在网络上搜索"高敏感人士交流会""高敏感人士座谈会"，很容易找到相关信息。举办人不同，交流会的氛围和内容也不一样，你可以找适合自己的交流会。

交流会有一大优点，那就是让你知道"原来真的有人与自己感觉相同"。参加交流会的人会第一次发现"我和他人的沟通居然可以如此顺畅""无须解释，他知道我的想法"。交流会是寻找合拍之人的方法之一，请一定把这种方法列入你的备选项。

要点

要寻找高敏感小伙伴，可以试试参加"高敏感人士交流会"。

8 怎样才能做到依靠别人，适当示弱？

"不能给人添麻烦""他也很忙，不好意思让他为我耽误时间"……想到这些，你就会犹豫要不要找人商量，要不要请人帮忙。遇到这种情况，小伙伴们都是怎样处理的呢？

当我寻求帮助时，我发现他们很乐意帮忙

小青　在向他们求助之前，我真的很紧张，但当我拜托他们帮我的时候，他们都爽快地答应了。因此，现在我向人求助的时候，都会告诉自己："只有我自己在担心而已。""即使被拒绝了也没关系，还可以向其他人求助。"

我会直接和他们说："可以请你帮个忙吗？"

小Q　以前，我会很委婉地问："如果您方便的话，能不能请您帮忙做某事？"最近我不再纠结，而是直接问对方："可以请您帮个忙吗？"同时我会在后面补充一句，"如果不方便的话，您直接拒绝我就行。"

适当示弱，这样反而不会让别人担心

高田　曾经有一段时间，我做不到向别人求助，因为我觉得占用别人的时间会给他添麻烦。我很羡慕那些可以毫不犹豫地向周围人求助的人。但后来我意识到"适当示弱反而不会让别人担心"，现在的我觉得有弱点的人更可爱。

除此之外，还有这些小妙招！

我觉得把自己的真实想法传达给他人的感觉很好。	要语气轻快地问："帮个忙行吗？"语气一定要轻快，这样如果他想拒绝也容易开口。	为了如实告诉对方自己做不来，你可以说："我觉得你肯定能做到。我不擅长这个，你能帮我吗？"
托蒂	小Y	小春

第1章
解决人际关系烦恼的锦囊妙计

试着语气轻快地问他："可以帮我一下吗？"

向人求助是很困难的。日本人有"不能给别人添麻烦"的习惯，在很多人看来，向人求助等于给人添麻烦。因此，遇到麻烦事，他们会犹豫是否向他人求助，即使是微不足道的请求也会先说一句："实在非常抱歉……"给人一种非常郑重的感觉。

但是，求助本来应该是比较轻松的事情。如果你不擅长向人求助，可以试着轻松、愉快地问："可以帮我个忙吗？"关键是语气一定要轻松。

在高敏感人群中，有一部分人很会察言观色，知道周围的人擅长什么、不擅长什么。如果你属于这种类型，我建议有需要时，可以在对方擅长的领域寻求其帮助。

基本上，如果你能意识到以下两点，向人求助就会变

高敏感人士
的幸福诀窍

得更容易。

第一点，你要知道向人求助也没关系。你求助了，总会有人帮助你。如果你从小生活在孤立无援的环境中，那就很难说出求助的话。有的高敏感人士从小就意识到"事事都必须自己来做"，他们从来没有过向他人求助的想法。无论在学校还是职场，他们都认为自力更生更好。因此，越是习惯了自己默默努力的人，越是很难意识到"可以适当求助周围的人"。

但是请相信，在这个世界上，只要你求助了，总会有人来帮忙。不喜欢求助的人，可以尝试从小事做起，比如询问商场工作人员洗手间在哪里。当你开始做，你会发现人们比你想象中的更愿意帮助你，并且明白遇事可以向人求助。

当你想找人商量时，不必自己先处理一下再找他人商量或者自己先整理出头绪再找他人商量，你不必一个人去解决所有困难。如果你当下感到困惑，可以把情况和对方说一说，告诉他："现在的我因为某事感到困惑。"你向对

第1章
解决人际关系烦恼的锦囊妙计

方求助了，或许会收获意想不到的建议，或许对方会聆听你的话，帮你整理思路。如果你能够坦诚地说出你的困惑，那么周围的人会对你展现出善意，你也会收获更多交心的小伙伴。

你要意识到的第二点似乎与第一点是矛盾的，那就是相信对方有独立思考的能力，相信"如果他人做不到，他就会拒绝我"。

当觉得请求对方帮忙会给他带来麻烦，或者对方可能当下很忙时，你可以试着这样想："我已经尽力了，剩下的我做不来。""他能够自主判断要不要帮我。"你的求助会给对方带来多大负担以及他是否帮你，都由对方来判断。如果你相信对方的判断，你就先问问他，看看他能不能帮忙，不要过于纠结。

"向人求助没什么大不了的""如果他做不到，他会拒绝我的"。当你意识到这两点，求助这件事便不再是什么大事，它会变得轻而易举。而且，即使你被拒绝了，你也能向其他人求助。

高敏感人士
的幸福诀窍

在本节一开始，我提到人们有这样一种认知，那就是"求助别人＝给人添麻烦"。其实我以前也是这样想的。然而，最近我的想法改变了，与不同的人在一起工作，求助于别人或被人求助并不意味着我们是添不添麻烦的利害关系，而是我们在与周围的人一起生活。

当我们与他人决定要一起工作、一起生活的时候，为了彼此都能有一个良好的状态，在我们自己努力之后仍然做不到的事情要请他人帮我们来做。这就像一支球队，在做好防守（换句话说，在某种程度上做好自己的分内之事）的同时，请队友处理突破防线的球，我们不应该把它称作"麻烦"。

把自己能做的做好，做不到的请人帮忙，这就是社会。

要点

由对方判断要不要接受你的求助。不要过于担心，把判断权交给对方。

9 你会告诉周围的人自己是高敏感人士吗？

有人问我："我应该告诉别人我是高敏感人士吗？""HSP""高敏感人群"等词语已经逐渐为人所知，一些名人也对外宣称自己是高敏感人士。当你想告诉别人你的高敏感人士身份时，应该怎样说才好？

让他做测试

铃奈　我让老公和朋友做《写给高敏感人士的书》中的自测题，并且语气轻松地和他们说："你们符合几项？我中了15个！我是高敏感人士耶(笑)，这也不是什么病，符合的选项多点少点都不用太过介意。"我老公不是高敏感人士，通过这个测试，他才知道一直以来我们的分歧原来是这个原因导致的。他终于理解我了，真好！

用"我好像是高敏感人士"来引出话题

高敏感女孩　我告诉过家人、工作伙伴和朋友这件事。在一次很随意的聊天中，我先是说了"我好像是高敏感人士"，并由此引出了这个话题。不过在此之前，我已经在博客中写过"我属于高敏感人士"，所以这句话再次说出口就没那么困难了。我告诉他们之后，大家都问"什么是高敏感人士"，解释一番之后，他们的反应是"哦"(笑)。在那之后，也有朋友对我说："我可能也是高敏感人士。"

多告诉他们一些客观数据

千秋　我和母亲说了我是高敏感人士。母亲的性格和高敏感人士完全相反，我们虽然关系融洽，但是很多事情都无法交流，所以沟通起来很辛苦。我和母亲解释的时候是这样说的："无论哪种动物，都有某些个体对刺激的反应非常敏感。我就属于这一种。"我省略了主观陈述，而是把高敏感人士的客观数据告诉她。这样说的话，母亲更容易理解，我们比以前更聊得来了。

除此之外，还有这些小妙招！

我告诉职场前辈："我的性格是，当我高兴时我会非常兴奋，当我遇到挫折时，我会非常沮丧。"他说："原来你是这样的性格啊，我知道了。"我觉得自己没有被否定，而是被理解了。

哦呦呦

看到书店摆放着的相关书籍，我和先生说："这说的就是我吧？要不买下来看一看？"先生说："没错，说的就是你。"在那之后，"作为高敏感人士……"就成为我们日常生活中经常出现的表述了，这让我感到轻松多了。

小Q

第 1 章
解决人际关系烦恼的锦囊妙计

忠于你的内心，告知你信任的人

关于要不要告诉别人你是高敏感人士，我认为你应该遵循以下标准：忠于你的内心，如果你想对你信任的人说，那就告诉他；如果对方是你不信任的人，或者你不想告诉的人，那就不要说。

这个时候，你要知道对方是否理解你取决于对方。有的人对高敏感人士持否定态度。高敏感人士希望家人更了解自己，于是告诉了家人自己是高敏感人士，但得到的却是冷淡的回应，他们说："那是什么呀，你是希望我对你好一点吗？"对于理解对方这件事，每个人的态度各不相同。因此，在告诉别人你的事情时，要选择那些你信得过的伙伴和朋友。

当你和对方说明这件事的时候，不要简单地说"我是高敏感人士"，而要告诉他你的具体要求，比如："因为我是这样的性格，所以需要很多独处的时间。当我感到累了，我会

高敏感人士
的幸福诀窍

待在自己的房间里,希望你不要介意。"你这样说,对方也会感到安心。为什么这样说呢?是因为常常有非敏感人士问我:"我的伙伴是高敏感人士,我应该怎样与他相处?"因为非敏感人士与高敏感人士的感受大不相同,所以当一个人知道对自己来说很重要的人是高敏感人士时,可能真的不知道该怎么办。如果你对对方没有什么要求,就可以和他说:"我并不是想让你为我做些什么,只是想让你知道这件事情而已。"

在职场中,如果你想告诉你的上司或者同事你是高敏感人士,最好不要简单地告诉他你是高敏感人士,而是具体说一下你想要他们怎么做。比如:"如果周围没有人,我就可以更好地集中注意力,因此,如果会议室空着,我能不能在那里工作?""我想这样做,这样我会表现得更好。"这样告知对方之后,他会更容易配合你。

要点

具体告知对方你想做什么,同时告诉他原因,这样他会更容易配合你。

第 2 章

解决职场烦恼的锦囊妙计

啊！这个得跟课长确认一下！

课长正在忙……

但是，下午就要开会了。

吸气……
呼气……

3、2、1！
来吧！

关于 A 这件事，请问能给我 5 分钟和您说一下吗？

嗯，可以的。

10 一直纠结什么时候找上司谈话，时间被白白浪费

"课长现在好像心情不好""他现在好像很忙，去打扰他可能会给他带来困扰"……当你犹豫不决时，和上司汇报的好时机可能就这样错过了。这种情况是否曾经发生在你身上？正因为你总在关注对方的情绪和状况，所以对于要不要和他说话犹豫不决……遇到这种情况应该怎么办呢？

问问上司什么时候方便

中井　当我有事需要找上司商量时，我就问他什么时间方便，然后他会给我一个具体的回答，告诉我希望我做什么，这样一切就很清楚明了了。我原来觉得"我去找他会给他带来困扰"，但问过之后，我才知道他本人并不觉得我会打扰到他，这真的太好了。

设定谈话时间，比如"到了 10 点我就去说"

小绫　如果事情没那么着急，我会设定一个谈话的时间。比如到了 10 点我就去说，或者这次干脆放弃，下次再毫不犹豫地去说。刚开始我觉得这样做可能会给上司带来一些困扰，但后来又想着，每个人的情绪都不是一成不变的，所以就不去在意，自在行动起来了。

"关于某事，我可以占用你 3 分钟的时间吗？"

羽唯　一开始就把事情和所需时间（参考时间）告诉他，比如："关于某事，可以占用你 3 分钟的时间吗？"即使你被拒绝，或者上司告诉你以后处理，你也明白这并不是自己的问题，而是事情有轻重缓急。事实上，自从我把时间告诉他之后，他就很少推脱了。

除此之外，还有这些小妙招！

当时我心里怦怦直跳，感到马上就要心累到支撑不下去了，我在内心告诉自己："来吧！3、2、1！"给自己打气，然后鼓励自己去找上司。

优茉

除非紧急情况，否则我会把所有问题一次性问清楚。我会在上司的办公桌上贴便利贴，上面写着："如果您忙完了，请告诉我。"

猫咪

我会利用邮件或推特和上司联系。即使是很凶的上司，我也会尽量使用这些工具（即便他就坐在我面前）。

基娅拉

第2章
解决职场烦恼的锦囊妙计

为自己制定规则，防止内心纠结带来的疲惫

从敲击键盘的声音觉知对方的心情；看到上司的日程表，想到"他马上就开会了，我现在还是不要去找他了"。你不断寻找合适的谈话时机，在纠结中时间过去了，明明什么也没做，却感到很累……**要避免出现这种纠结带来的疲惫感，可以试试以下两种方法。**

1. 为自己制定规则

与其配合别人，不如尝试按照自己的步调行动。告诉自己"纠结10分钟，然后赶紧行动""如果上司刚好不在，那就给他留言，告诉他，自己等一会再去找他"。换句话说，要为自己制定规则。按照规则行事，就不会有那么多纠结，心情也会更轻松。

如果你周围有一种人，他们无论上司心情好坏，也不管上司的时间是否方便，都会对上司采取"突击"战术，

那么你也可以向他们学习。如果这种做法让你有"我很紧张，但结果意外不错"的想法，那对你来说就是很大的收获了。

2. 与上司沟通交流方式

你还可以与上司沟通一下交流方式，比如：遇到问题时，是一个问题问一次比较好，还是一次性全部问清比较好？上司在什么时候希望不被打扰？沟通好令双方都觉得舒服的交流方式，你就不会纠结询问的时机，你们的交流也会更加顺畅。

你也可以给自己定一个时间，比如"每天下午要拿出10分钟来沟通"，这样如果你有任何问题或要求，就可以利用这段时间来处理。

> **要点**
> 只要与上司沟通好交流方式，就可以更放心。

11

同时做好几件事时，我觉得自己要崩溃了

只要遇到大量工作接踵而至的情况，我的大脑就会死机。当我急忙开始干某件事时，其他工作又不断闪现在我的脑海中。我焦虑不已，无法集中精力。有什么好办法帮助高敏感人士解决这一问题吗？

列出工作清单，一项一项做

暖心的熊本熊　当我同时要处理好几件事，不知道从何处着手时，大脑就会死机，胃也像被攥住一样发紧，这时我会要求自己先把要做的工作逐条记录下来，然后按照优先顺序去解决它们。我告诉自己，不要求100%完美，先做起来，只要能做到70%就行了。

把握现状，尽快调整工作计划表

中井　当任务数量增加时，我会先深吸一口气，然后逐条把工作要点写下来。这样我就知道靠自己的能力可以完成多少，然后找上司商量，告诉上司："我想找人协助。"或者问他："能不能调整一下工作计划？"尽管去找上司的时候会很紧张，但是这总比硬着头皮做下去，最后告诉他做不了要好。

告诉他"稍等一下"，让对方配合你的时间

横山　在以前的公司，我曾经被分派干各种工作，这些工作我都应承下来了，结果把自己累得苦不堪言。从那时起，再有人让我帮忙做事时，我都会和他们说："请等一下。"或者"一小时之后行吗？"这样做了，以后他们再找我帮忙的时候就会先问我："你现在方便吗？"

除此之外，还有这些小妙招！

我会把与现在的工作无关的东西从眼前收拾走（不要让它们进入你的视线），并告诉自己集中注意力。我会给自己创造一个良好的环境，埋头于当下最重要的事情。

阿麻

同时做好几件事对我来说一直很困难，我脑筋转不过来，效率很低，因此，我决定放弃同时做好几件事的想法。

H2O

我会找一张很大的便笺纸，按轻重缓急顺序把要做的工作列出来，贴到我的电脑上，每做完一项工作就把它从便签中划掉。这样做也可以让周围的同事知道，我手头上有很多工作，他们便不会轻易打扰我，我觉得这种方法很好。

阿穆

第2章
解决职场烦恼的锦囊妙计

把要做的事情写下来，从中选出最重要的工作

接触到新事物时，高敏感人士常常会接收到它们带来的刺激，容易神经紧绷。当一个又一个工作找过来，他们的大脑里会一下子想到很多东西，"这件事应该这样办""那件事要那样做"等。就像一台电脑运行了太多程序容易死机一样，他们的大脑也无法好好思考。

这个时候，首先要做的是深呼吸，你可以把所有任务都写下来，使用便笺纸或者记录的 APP 等。即使这样做很麻烦，你也一定要写下来，这样你就可以将脑海中闪现的"做这个、做那个"的念头赶出去，内心也会平复。在慌乱时觉得很难处理的一些事，当你冷静下来，可能会意外地发现它们做起来很简单。

至于怎样能把写出任务这件事做好，高敏感的小伙伴

们在问卷调查中给出了几种方法,例如"把给自动铅笔补充笔芯这种琐碎的小事也写下来,这种简单的任务可以很快完成,把它划掉会使你拥有工作下去的动力(胡子馒头)""把对完不成任务的担忧也一起写下来(魔客小玉)"。把要做的工作写下来,然后根据轻重缓急为它们排好顺序,从中选出一项最重要的工作开始做。当开始着手最重要的工作时,你就会冷静下来。不过,在有的高敏感人士看来,确定优先顺序也是一项任务。

高敏感人士更擅长逐件并细致地完成任务,而不是同时处理多项任务。如果你感到焦躁,就先在纸上把任务都写出来,然后按照自己擅长的"逐一解决问题"的风格来做就可以了。

要点

按照自己擅长的"逐一解决问题"的风格来做事。

12 总是帮同事的忙，结果耽误了自己的工作怎么办？

> 那件事情你得注意某处。
> 他好像很辛苦，我要不要去帮帮他呢？

看同事工作，发现他有一些疏漏，于是感到很担心："这里有疏漏啊，没关系吗？"或者你发觉"他看起来好像遇到了麻烦，可能需要我的帮助"。结果，在帮助和跟进的过程中，你把自己的工作给耽误了。面对这种情况，我们应该怎样处理呢？

即使发现问题也不亲自动手，只提示对方，问他："你觉得怎么样？"或者"你看这样做怎么样？"

中井　我经常采用提问式的跟进方法，即使发现了问题，也不亲自动手，而是给对方提示，问他："你看这样做怎么样？"或者"我也不知道这样做行不行，你觉得怎么样？"如果你的上司很爱面子，你同样可以试试这种方法。如果他的问题很严重，可能导致经济损失，那我肯定会帮忙处理。但如果有很多种方法都能解决这个问题，我就会闭口不言。

鼓起勇气放手，结果他按照自己的节奏完成了工作

阿直　以前，我总是为同事的工作善后，导致心情异常焦躁，自己的工作也没办法完成，情绪非常沮丧。有一天，我决定不去管他人了，也不去关注那些问题，如果他人实在做不了再去帮忙。我拿出了很大的勇气，停止了主动跟进。但结果出乎我的预料，尽管与我的节奏不一致，但同事仍旧按照自己的节奏完成了工作。"鼓起勇气放手吧！"我就是这样想的。

不去接手那些自己无法跟进到底的工作

苹果　如果对方是后辈，我会放手让他们去做，这是为他们好。我认为在我的指导下做事，他们可能无法发挥潜力。如果对方是前辈，我就尽量不去接手那些自己无法跟进到底的工作。

除此之外，还有这些小妙招！

我会问自己：是谁在负责这项工作？并且提醒自己，我应该让他自己来做。然后我会想我还有哪些事要做，我现在的工作是什么。

　　　　　　牛肉刺身

当我又去帮同事的忙，把自己的工作置之脑后时，我会在手账上写下"跟进某某的工作"这句话，提醒自己："你忽视自己的工作了！"我通过这种方法告诉自己，即使你真的很想去帮忙，也不要付诸行动。

　　　　　　小绫

第 2 章
解决职场烦恼的锦囊妙计

只对同事表达关心，不要增加自己的工作量

高敏感人士往往会将各种不起眼的信息整合到一起，先预测结果，再采取行动，这样他们可以清楚地看到未来会发生什么。他们能预测到"如果就这样做下去，之后可能会返工重做""那件事最好提前做"。高敏感人士在做事的同时会评估风险，在他们看来，非敏感人士的工作方法有时看起来风险很大。

然而，如果要解决所有问题，那你的工作量就会增加，并且某些事还可能超出你的能力范围。此外，你主动去帮助他人不一定是好事。他人也有自己的工作方法和节奏，试错和失败也是成长所必须经历的过程，我们不必追求万无一失。

当要跟进别人的工作时，你可以先深呼吸，然后问

自己两个问题。应该由谁来做这件事？我真心想要跟进这件事吗？

如果你真心觉得"这是别人的工作，不需要我来干预"或者"也许我最好跟进一下，但那样的话，我自己的工作就耽误了"，那么除非对方的问题特别严重，否则就不要管他。

如果实在非常担心，你也可以出言提醒，比如"你确定这里没问题吧""你要注意一下某处"。别告诉他"我来做吧"，你要做的只是提醒他。

当你发现即使不主动出手相助，他人也有能力把工作做下去，而且你放手不管，他居然能够做好时，你就可以专注于自己的工作，而不把精力放在他人身上了。

> **要点**
>
> 放弃"我必须出手相助"的想法，你会发现他人能够做好。

13 在职场中，听到同事被批评，自己也会很沮丧

当周围有人被批评或被指责时，自己也会感到心累。即便自己不想去听，指责声还是会不断传入耳中。虽然明白被骂的不是自己，但还是会紧张、情绪低落……遇到这种情况，怎样做才能更轻松呢？

将注意力集中到身体感受上，内心就能平静下来

妮妮　缓缓呼吸，有意识地放松肩膀，把注意力转移到自己身体的感受上，这样你就会发现自己过于紧张了，然后就能逐渐冷静下来。当你冷静下来之后，就能把别人的问题与自己分开来看待，之前过于紧绷的神经就放松下来了。

安慰被批评的人，同时平复自己的情绪

中井　当有人被指责、批评时，我会受到周围气氛的影响，觉得自己也被连带批评了。我会担心他、同情他。当被批评的人心情沮丧时，我会对他表示关心，问他："你还好吗？"同时自己也平复一下心情。如果我仍然感到很难受，我就会去找情绪稳定的人，和他聊一聊，然后我就冷静下来了。

意识到她本人并没有受到很大打击，我就知道了"如果是他，肯定没问题"

千夏　很多同事的心理状态都比我稳定。当然，没有人在被骂的时候还会觉得高兴，但是有的同事即使因为被顾客投诉而挨骂，他受到的打击也没有我想象的那么严重。当意识到这一点，我就知道了"如果是他，肯定没问题"。当然，我还是会去安慰他。

除此之外，还有这些小妙招！

如果可以离开座位，我就会去厕所躲一下。如果我不去听那些话，我就能保持心情平静。

　　　　　小武

我觉得除了我，肯定也有其他人觉得很难受，之后谈到这件事的时候，我会说出我的感受，这样我就会变得轻松。

　　　　　CT

第 2 章
解决职场烦恼的锦囊妙计

被批评时的感受因人而异

因为高敏感人士的镜像精神元比非敏感人士更加活跃，所以，当高敏感人士看到有人被指责时，自己也会感同身受。

当你因为看到有人被指责而感到紧张或者不舒服时，就去洗手间躲一下，让自己从现场离开。不要告诉自己："又不是骂我，我为什么要伤心！"不要否定自己的情绪，而是去接受它，接受自己"哎呀，真吓人"的感受，这样做更能让自己平静下来。

还有一点同样重要，那就是不要过度带入自己的感受。有高敏感人士对我说："当我看到别人被指责、被批评的时候，我自己也会感觉很糟糕。"当问及为什么会产生这种感觉，他们告诉我："如果是我被人那样指责，我就会感到非常难受。"照顾到对方的情绪是高敏感人士的优点，但是如果以自己的感受作为判断标准，认为"自己有那种感觉，对方肯定也一样"，你就会偏离现实。

要知道，对打击的承受能力因人而异。如果用"1~100"表示承受能力的程度，数字越大代表承受能力越低，假设对方说"10"，有的人的反应可能只有"1"，有的人的反应却是"100"。高敏感人士就属于"100"这一类。

处理这种问题，首先不要先入为主，试着观察一下他人被批评之后的反应。你可能会发现，他没有你预想的那么介意，甚至还表现得若无其事。如果他人心情沮丧，你可以问问他"还好吗"，给他一颗糖，让他知道你在关心他。

如果你的职场环境非常恶劣，经常充斥着怒吼和谩骂，或者存在职务骚扰的情况，那你肯定会感到很痛苦。对于无法保证自身安全的职场，请尽快逃开。

要点

不要否定自己的负面情绪，赶紧从你不喜欢的地方逃开。

14 上司和同事心情不好，自己也感到心累怎么办？

今天她心情似乎不好啊……

扑通扑通

从上司身上感受到不悦的气息，不知怎的，自己的心也一直狂跳。有事想和他商量，但现在犹豫要不要和他说……在职场中，怎样才能避免受到别人负面情绪的影响？

我会暂时从那里离开

喵太　如果可以的话，我会让自己暂时离开那里。如果无法离开，我就会听听轻柔、舒缓的音乐，做做深呼吸，舒展一下身体，或者闻闻熏香，躲进自己的世界里。我总是随身带着芳香手腕带。

减少与现实的接触，通过网络交流

中井　即使勉强自己去取悦他人，也是自讨没趣，所以这种时候我会尽量减少与他人接触。即使有事找他，如果明天也来得及，我今天就不会去打扰他。如果害怕面对面交流，就通过网络联系，这个方法我常用。如果这样做了，与上司的关系仍然让我很难受，我就去找上司的上司或者公司的劳务负责人。他们告诉我，如果我愿意，可以调岗。因此，如果有相同的烦恼，你也可以试试这种方法。

摸索出适合自己的职场生存方法，做自由职业者

妮妮　对我来说，职场的人际关系是一个长期存在的问题，现在，我成了一名自由职业者。每周见一次同事，我觉得心情很好，虽然有时也会心累，但是想到每周只有一次，我就觉得自己能够克服。我认为除了要知道怎样与对方相处，还要摸索出一套自己独有的职场生存法则。

除此之外，还有这些小妙招！

去一个可以独处的地方做冥想，比如厕所。等心情平复之后再回去工作，在工作的时候，想象自己被屏障包围着。	我会给自己催眠："他总是心情糟糕，但这和我没有关系。我去找他谈就好了。"然后我就去找他沟通。	如果他的情绪实在影响到了我，我会找个借口去找他聊聊，当我知道他心情不好与我无关后，我就放下心来继续工作。
马克杯	阿加	胡子馒头

第 2 章
解决职场烦恼的锦囊妙计

不要尝试调节对方的情绪，要照顾好自己的情绪

高敏感人士会根据他人的小动作来判断其心情的好坏，例如文件的摆放方式、敲击键盘的声音、开关门的力度等。

面对心情不好的人，有的人会愉快地和他聊天，请他喝茶，以此来安慰他。但是我太不建议高敏感人士去安抚他人的情绪。因为如果你总是这样做，他人可能会一味地依赖你，希望你为他调节情绪，而你的心情则会越来越糟糕。

如果你因为上司或同事的坏心情感到心累，你应该把自己与对方分开看待，告诉自己"他的情绪是他的问题，和我没有关系"。我建议你从空间上远离他，你可以去洗手间或者去买点喝的休息一下，如果会议室空着你可以去那里工作。你还可以找个理由去别人那里，与值得信赖的同事聊一聊，告诉他们："好像出什么事了呢。"与情绪稳定

的人在一起，可以帮助你缓解紧张的情绪。

在咨询中我遇到过这样的客户，他告诉我："对方只要看起来有一点不高兴，我就担心是不是自己做错了。""我总是觉得自己必须做好。"和他们聊天的时候，我发现他们几乎都有过这样的经历：父母总是心情不好，即使在家里，也要去关注他们的情绪；总是努力帮他们干活，让他们开心；一直在听他们发牢骚。也就是说，他们都有讨好别人的经历。

如果是这种情况，首先你要知道，你可以把自己与他人的情绪分开。别人的感受应该由他们自己负责，不应该成为周围人的负担。你和他是两个不同的个体，无论他多么恼火，你只需照顾好自己的心情就可以了。对方的情绪只有他自己能够调节，即使你察觉到他心情不好，也不要插手，放任不管就行了。

> **要点**
> 将自己与他人的情绪分开，对方的情绪只有他自己才能调节。

15 和同事的座位离得太近，感觉自己被监视，无法专心工作

能坐在角落里就好了……

在办公室里，当你和同事的座位离得很近，或者当有人从你身后经过时，你就会觉得自己被人监视着，很难集中精力工作。近年来，不做隔断的开放式办公室越来越多，同时也有越来越多的人表示，在没有遮挡的地方很难专心工作。那么，怎样才能专心工作，不受周围的影响呢？

把工位换到角落的位置

中井　一开始我的工位被分配在办公室的中间。据说是因为我是新员工，所以给我安排了中间的位置，方便我更好地和同事沟通。但我的前后左右都是人，这让我很紧张，所以我要求换到角落的位置。从那以后，我的工位就一直在办公室的角落。我曾想过，如果不能换座位，我就在电脑屏幕上贴防窥膜。别人看不到我的电脑画面会提升我的安全感，这样工作更轻松。

周围的人其实并没有看我

小绫　如果我和同事的座位离得很近，我会快速地看一眼对方，看他是否在看我。结果我发现他们根本没有看我，而是在专心工作，于是我意识到原来是自己想多了。我会把电脑桌面的壁纸换成自己喜欢的照片，在手边放上可爱的便利贴等自己喜欢的东西，尽量让自己的注意力转向它们。

不喜欢的人不在场时，再去做令你感到紧张的工作

小梦　我打电话的时候，总是感觉被周围的人监视着，因此总是很紧张，无法很好地与人交流。很长一段时间，我都以为自己不擅长电话沟通。但当爱发火的上司不在办公室，或者我在外面打电话的时候，我发现自己与对方的沟通很顺畅，所以或许你不喜欢的人不在场的时候，你再做某些事会更好。

除此之外，还有这些小妙招！

提前预约一间会议室，使用时间也确定好，告诉周围同事"今天我要在会议室待到×点"。当然，我也欢迎其他人使用会议室。	在两个工位之间放上文件架，或者一株小盆栽，可以不经意地把两个工位隔开。	我会在工位周围放置自己喜欢的手办、照片或文具，创建一个自己喜欢的空间。
希尔	阿麻	魔客小玉

第 2 章
解决职场烦恼的锦囊妙计

利用文件架或桌上
日历来创建自己的领地

阿伦博士提供的高敏感人士自测中有这样一项：当我工作的时候，如果被迫去和同事竞争，或者被人观察时，我就会很紧张，并且无法发挥出平时的水平。高敏感人士会因为自己被周围的人观察而感到紧张不安，所以我们要尽最大努力创造一个可以安心工作的环境。

1. 创建自己的领地

在问卷调查中，很多人都回答说利用办公用品为自己打造"护城河"，比如"在桌子上放置文件盒""堆叠文件""提升台式电脑显示屏的高度"等。另外，你还可以在办公桌上放置一些令你感到舒适的物件，例如：印有你喜欢的角色的日历、小型盆栽，让你的办公桌成为你心灵的休憩之地。

2. 只看那些必须看的东西

如果你戴眼镜，可以特意降低度数，确保自己能看到最重要的东西即可。你还可以戴上装饰眼镜，让它限制你的视野范围。

3. 与你的上司或同事沟通

不少人与上司或同事沟通时只谈工作，不谈职场环境。其实，当你希望在工作的时候用一下空闲的会议室或者使用降噪耳机，都可以和同事们商量。你和他们商量了，或许他们会答应你的要求，同意你使用空闲的会议室，同意你在工作时使用降噪耳机。

如果你做了各种尝试，还是觉得在办公室工作很累，那你可以选择离职，跳槽到那些重视职场环境，允许远程办公的公司。

要点

和周围的同事沟通一下工作环境问题。如果还是感到难受，就可以考虑跳槽。

16 想指出他人的错误，又担心让他下不来台

> 哎呀，她搞错了……

高敏感人士常常会关注到别人没有注意到的小事，经常会迅速注意到同事在工作中犯下的错误。但是他们又担心如果指出错误，会伤害对方的感情。怎样做才能巧妙地指出同事的问题呢？

问问他是否知道这个规则

高田　首先我会质疑"这真的是工作失误吗"。因为有的时候只是他不了解规则而已。如果给他定性为"工作失误"并指出来,就会给人一种自上而下的优越感。但如果你问他"是否知道公司有这个规则",就很容易说出口。如果没什么大问题,我会直接帮他纠正过来,告诉他:"我已经改过来了。"

即使指出了他的问题,也没有发生我担心的事情

高敏感女孩　我遇到过这种事情,因为担心他下不来台,我会忍着不说。但有的时候不得不说出来,我就告诉他了,结果没有发生任何事情。于是我知道了:这是我们的工作,为了把工作做得更好而指出问题,他人不会因此感到沮丧。不过,如果是我的话,大概会感到很沮丧……

简单地告诉他"你漏掉做某事了,要记得把它做好哦"

小绫　我会告诉自己:如果下次他再犯相同的错误就麻烦了,现在我指出他的问题,可以让整个工作顺利进行下去,况且他也不是故意犯错。因此,我会告诉他事实和需要改进之处,语气轻松地说:"你好像漏掉做某事了,记得把它做好哦。"

除此之外,还有这些小妙招!

我会笑着打趣说:"这里错了哟,你是不是太忙了呀,没事吧?"	我会委婉地先做出铺垫,例如"我也经常这样做""大家都容易犯这个错"等。	我会非常委婉地提示他:"这里你要是这样做就帮了我大忙了。"或者"这里这样做似乎比较好,不是吗?"要注意语气一定不要带有攻击性。
基娅拉	阿穆	玛丽琳

第 2 章
解决职场烦恼的锦囊妙计

心平气和地如实告知

高敏感人士擅长观察细节，还会细心地积累工作经验，因此他们经常会注意到他人的错误。比如"这个，我之前已经在邮件中告诉过你了，可是你还是出错了"或者"这里是不是漏掉了呀"。虽然他们希望对方纠正错误，但又担心"他会不会受到伤害""改正错误会耽误他很长时间，实在不好意思"。面对这种情况，应该怎样和对方说呢？这真的很令人头疼。

沟通的基本方法是"心平气和地如实告知"。也就是说，要平静地告诉他人："这里是这种情况，需要你这样做。"

他人出现问题，多是因为其不了解规则或者做事意图导致的，表现为你们对规则的理解不同，或者是他不知道规则，所以，不要太害怕指出别人的问题，也不要情绪化。

例如，告诉他人职场规则时，不要大声呵斥，也不要惶恐不安，而是心平气和地说出事实，比如"你得把需要粉碎的文件放到这个盒子中"。指出对方错误的时候也是如此，心平气和地告诉他"这里是这样的，你要这样做"。如果你能做到心平气和，如实告知，那么在沟通时就无须担心对方的反应了。

"就这点事情，为什么你没有注意到？"当你为此感到怒火中烧，想要指责对方时，你要克制住自己的情绪，重新回到我们要一起做出好产品的初衷上。你要这样想：尽管他犯了很多错误，但是我自己又何尝不是如此呢？我也在一些地方犯错了，或许在我没有察觉的时候，别人也帮我弥补了错误。如果能做到推己及人，那么你的沟通自然会变得更顺畅。

> **要点**
>
> 在我没有察觉的情况下，别人也帮我弥补了错误。

17 答应麻烦请求之后,你就会被看成『软柿子』

"这个帮我做一下吧,那个也帮我做一下吧",一件件工作都找过来了。你接下了自己不擅长的工作,却没有表现出任何不满,于是,不知从什么时候开始,同事们就认为"她帮我做事是理所应当的"……怎样做才能摆脱这种困境呢?我想结合高敏感人士的个人经历来谈谈这个问题。

鼓起勇气，明确要求对方配合你

阿麻　多年以来我一直深受其害。我也下过一些功夫，或者通过一些小技巧来尝试改善这种情况，但没有效果，所以最后我干脆鼓起勇气，告诉他们这样做我会很辛苦。我没有责备他们，而是很客气却明确地请求他们："希望你们帮个忙，不要再让我做这些工作了。"这需要很大的勇气，但我多年苦于这种状态，所以别无选择。没想到说了之后，他们都很配合。我后悔没有早点说出口。

我决定跳槽，因为我认为"必须远离这种职场环境"

高田　以前，很多同事都会让我帮忙做事，他们会说："你肯定做得了，是吧。"这些工作超出了我的能力范围，我的身体也因此变得很糟糕。在那一职场中，我成了"什么工作都会帮忙做"的存在，因此，我觉得自己必须离开这个公司，于是我跳槽了。在现在的公司中，如果别人让我帮忙，我就会让他们还我人情。我也会明确和上司说："工作这么多，我的身体要垮了。"（笑）因为我做出了改变，所以我的工作比之前轻松多了。

把工作列出来，找上司谈，然后他为我们组增派了人手

希尔　对于不经过团队直接来找我的人，虽然我内心感到很紧张，但肯定会拒绝他。如果是团队工作，我会把手头的工作清单拿给上司看，告诉他"现在有这么多工作让我很有压力"，然后看他怎么处理。后来上司给我们组增派了人手。

除此之外，还有这些小妙招！

有人让我帮忙做一些麻烦事时，我拒绝了，并告诉他："不好意思，我现在做不了。"	找个可以帮你一起做的人，教给他这项工作怎么做，问他："这个月就由我来做，下个月你来做行吗？"通过互惠互利的方法让他人帮忙。	我不知道怎么办。然而，因为一直在帮同事们做各种工作，所以我升职了。
清水	马基	胡子馒头

第2章
解决职场烦恼的锦囊妙计

无论什么工作都愉快接受是很危险的，要让对方知道你的情况

高敏感人士善于为他人着想，他们觉得如果自己不帮忙，他人就会有麻烦。在职场人士看来，这属于"认真努力工作的'软柿子'"，这样的人更容易被安排大量工作。因此，在大量工作导致你身心俱疲之前，一定要想出对策。

提出请求的同事可能并不了解你的情况，因此，你首先要让他知道你在干什么，比如"我现在正忙着做某工作"。另外，你一定要明白，无论什么工作都愉快接受是很危险的。一旦别人都认为你是个不会说'不'的人，他们就会告诉你"没有其他人能做了，所以请你帮个忙"，然后把棘手的工作塞给你，或者和你说"这个也拜托了"，然后将源源不断的工作都推到你这里。如果你轻易地答应了他们的请求，他们就会觉得这件工作并没有那么辛苦。你不

> 高敏感人士
> 的幸福诀窍

告诉他们你的压力，他们就不知道感恩。

要避免出现这种局面，你要和他们"讨价还价"，明确告诉他们"我可不是白帮忙的""这件事很麻烦的"等。

你还可以笑着说："好的，作为交换，你能帮我做某件事吗？"当你没有事情需要对方帮忙时，你可以说："下次我有麻烦的时候你要帮我哦。"

如果你们很熟悉，那可以互开玩笑。你可以说："真是没办法。我答应你了，但是我要礼物哦。"或者和他说："可以啊，下次记得要请客。"

像这样通过与对方讨价还价的方式，在答应帮忙的时候与他人沟通一下。这样做，你既帮了他，又能让他知道"我在努力帮你"。比起简单地答应他的请求，这样做会让你们的关系更融洽。

要点

通过讨价还价，让他人也帮帮你。

18 不擅长指挥别人做事

很多高敏感人士都会有这种感觉:"我需要给对方下工作指示,但总是很有压力,说不出口。"特别是当对方比自己年长,或者经验比自己更丰富时,你尤其感到紧张。实际上,如果你稍微改变一下思维方式,下达指令就会容易很多。让我们听听小伙伴们是怎样说的。

不要把分派工作看作上级对下级的指令，这只是明确各自的工作职责

高田　在我看来，分派工作不是指令，而是明确各自的工作职责。我会在一开始就告诉同事"我来做○○工作，请你做一下××工作"。在安排工作时适时踩下刹车，不要让自己承担所有工作。

如果他愿意和我商量，并且能在我遇到困难的时候伸出援手，那我很愿意配合他把工作做好

高敏感女孩　当他人要求我做某项工作时，如果他能告诉我为什么要做以及为什么要我来做，并且询问我的意见，那我会很高兴地接受任务。如果他愿意在我遇到困难时伸出援手，告诉我"如果有困难，可以随时说出来"，那我也会很高兴地把工作做好。

要向他传递这样的信息：我要给共同奋斗的伙伴提供大显身手的舞台

中井　不要因为自己的职位更高就觉得自己更优秀，我是领导。我希望我的下属能心情愉悦地工作，因此我会和他说："我觉得你在这方面非常厉害，因此想请你做一下这项工作。"让他认为你是在给他提供一个大显身手的舞台。

除此之外，还有这些小妙招！

"现在（工作）进展得怎么样？""你能做一下××工作吗？"像这样，先问对方的情况，再分派工作，并且要记得设定一个期限。

嘉志

安排完工作之后，我都会加上一句"怎么样，可以做好吗？"

苹果

我会先说："我有点事找你商量。"然后告诉他我想让他做什么，这样他就知道我遇到了麻烦，我拜托的事情他也会帮我做好。这种方法对职场后辈尤其有效。

阿加

第 2 章
解决职场烦恼的锦囊妙计

不要争强好胜，要秉持分担责任的态度来分配工作

我们可以先询问对方擅长什么。

在咨询时，有人和我说："我一直想成为一名专业的技术人员，但工作几年之后成了团队领导。我不擅长下达指令，因此每次都感到非常有压力。""我是新员工，但是因为是正式员工，所以我要负责现场指挥的工作，必须对年纪比我大的兼职员工做出工作指示。我感到压力很大，非常头疼。"

从与高敏感人士的交流中，我了解到不擅长做工作指示的人往往会将自己与他人的关系视为等级关系，而那些善于做工作指示的人倾向于将自己与他人的关系视为团队关系。

如果将自己与他人的关系视为等级关系，那么在他人看来，工作指示就如同命令一般，他会纠结"我可以对同

事这样说吗",也容易认定"如果自己不如他人优秀,就不能指挥他做事"。

相反,如果将同事看作团队的一员,那么指示就不是命令,而是分担责任的工具。它所传达的是"我来负责这个,你能负责那个吗"。既然大家共同完成工作,那么自己有做不好的地方也没关系。虽然你做了工作指示,但实际上你们是互补的合作关系。这样一想,你也许会感觉轻松一些。

高敏感人士擅长观察周围的人,能够发现每个人的擅长之处。"A总是能够很好地把琐碎的行政事务处理好""B很有创意,可以让他负责策划"。像这样根据每个人的才能适当地安排工作,正是发挥了高敏感人士细腻敏感、擅长观察的优势。

如果觉得自己还不太了解对方,那么我建议你直接问问他擅长什么、不擅长什么。我和新编辑一起工作的时候,在见过两三次面,混了脸熟之后,我会和他说:"我想问一下,你喜欢做什么业务?我们提前相互了解一下,便于今

第 2 章
解决职场烦恼的锦囊妙计

后开展工作。"

我不擅长调整日程和组织文章结构（顺序），因此，如果对方告诉我他喜欢做这个，我就会说："我不擅长这个！如果需要做调整的话，可以请你帮忙做一下吗？"把自己的弱点说出来就会放松下来，并且知道对方的擅长之处，以后遇到事情便可以找他帮忙。此外，如果了解对方不擅长什么，当他犯错或出现疏漏的时候，你就会告诉自己："这是他不擅长的，所以没办法！"知道了对方的擅长与不擅长之处，就能减少误会，不再强迫对方按照自己的要求做，你的工作也会更容易开展。

顺便说一下，如果你问对方"你擅长什么业务"，那么他可能不好意思说出口。但是你如果问他"你喜欢做什么业务"，他就容易回答了。

一般来说，一个人喜欢的工作也是他擅长的工作。了解他，然后把工作委派给他，他会很高兴，因此，在沟通的时候，我们一定要怀着优缺点互补的心态来交流。

说句题外话，问卷调查中小伙伴们的回答让我想起了

高敏感人士的幸福诀窍

以前工作时很照顾我的上司。他深受我们团队成员的敬重，现在想来，他很好地运用了小伙伴们推荐的方法。

当时我的工作是产品开发，因此要经常待在实验室里。上司会突然轻轻地进入实验室，坐到我身边，问我"今天工作感觉怎样"，听我跟他聊工作的事情。他会仔细听我说话，了解我的工作情况，并且在我遇到困难的时候给我建议。

当他给我安排工作时，会先说："我有事找你商量。"然后告诉我工作内容和指派的原委，最后问我："怎么样，能做吗？"

我特别喜欢这样的聊天时光，感觉非常温暖。我认为，指示不是单方面的传达，而是日常倾听团队成员的心声，在他们遇到困难时伸出援手。指示建立在我们的日常交流之上。

> **要点**
> 工作指示建立在日常沟通的基础之上。

19 怎样才能巧妙拒绝被分派的工作？

很多高敏感人士不擅长拒绝他人。他们会说："其他同事都能明确说'不'，我却没办法像他们那样拒绝别人。"怎样才能巧妙地拒绝他人呢？这或许是高敏感人士特别在意的问题。

> **"我把手头的事情忙完之后才可以帮你，行吗？"**
>
> 川口　以前，我这里从来没有"拒绝"这一选项。但后来我发现，如果我什么要求都答应下来，工作就会把我压垮，因此之后我就用"我把手头的事情忙完之后才可以帮你，行吗"这样的措辞来拒绝对方。

> **分派工作要得到上司同意**
>
> 高田　拿上司当挡箭牌，告诉对方："如果课长说可以，那我就做。"如果我接受了工作，那这就是"部门的工作"。我调走之后，其他团队成员就必须接手来做。我认为是否接受分配的工作，不是自己的问题，而是部门的问题。为自己拒绝工作很难，但如果是为了团队，那我可以说"不"。

> **告诉对方"无法马上接手"，让他调整接手时间**
>
> 马基　我会和对方商量说："现在我手头的业务需要花一点时间才能做完，因此你的工作我不能马上接手。如果是10号之后，我或许可以做，你看怎么样？"他们一般会回复我："不用了，我请某某帮忙吧。"或者"可以的，你先把手头的事情忙完吧。"

除此之外，还有这些小妙招！

搬出上司。比如"客户会生气的，所以现在我不能接手你的工作""××部长让我处理一项紧急工作……"。	我问他："我现在必须先做手头的事情，你的事情着急吗？"结果这种方法居然成功劝退了他。	如果工作要求很高，我会实话实说："我觉得以我的能力做不了这件事。"
嘉志	阿麻	苹果

第2章
解决职场烦恼的锦囊妙计

告诉他你不方便,比如"现在我手头很忙,所以可能没法帮你"

我在前面的章节(详见第1章第6节)也说过,拒绝别人的请求其实并不是一件沉重的事情。这与你对他的看法以及他自身的价值都没有关系,仅仅只是"我不方便,所以这次不能答应"而已。不要觉得"我拒绝他,我们的关系就完蛋了",而是要抱着"如果有需要,他还会找我"的心态,让他知道你的情况。如果你很难直接说"不",那就委婉地告诉他:"我现在手头很忙,所以可能帮不了你。"

另外,除了"接受"和"拒绝",还有"交涉"这一选项,并且我们没必要把交涉想得太难。

"我现在在做××工作,结束之后再帮你可以吗?"

"你看下周末之前做完行吗?行的话,我就帮你做。"

"这部分我来做,剩下的你做行吗?"(希尔)

高敏感人士的幸福诀窍

"我会快点做,但帮你做 60% 行吗?"(高田)

如此,用"可行的期限和方法"+"行吗"的措辞来商量,这就是交涉。

"当有人求我帮忙时,我不忍拒绝他,不知不觉就答应下来"。如果你是这样的人,那么一定不要当场给他承诺。即使当时你觉得能做,也要告诉对方"让我考虑一下""我确认一下自己的时间再回复你"。等离开那里,找一个他不在的地方,心情平静下来之后再回复他。

当你意识到"即使我拒绝了他,也不会给我们的关系带来大的影响""原来是可以和他商量的",你就能够保持自己的节奏,更轻松地工作。

> **要点**
>
> 用"可行的期限和方法"+"行吗"的措辞来与对方商量。

20 不想参加公司聚餐，小伙伴们都是怎样拒绝的？

干杯！

我不想去。

怎样拒绝才好呢？

听到很多人说："和朋友几个人小聚一下还好，但很多人的聚餐实在太累人了。""其实是不想去的，但怎么也说不出口。"遇到公司的迎新会、欢送会，或者自己担任干事的聚会，就很难缺席不去。小伙伴们遇到这种情况，都是怎样做的呢？

我会语气轻快地告诉同事"今天我要早回家"

中井　我平时就会和他们说:"我更喜欢三两个人一起玩,不喜欢一大群人玩。"拒绝聚餐的邀请时,我会语气轻快地告诉同事:"今天我要早回家。"我会让他们知道,我虽然不参加聚餐,但并不代表我不愿意和他们交流。我的性格很难勉强自己扮演开心果的角色,因此如果一定要去参加聚餐,我会充当倾听者。

不说理由地笑着拒绝

苹果:"对不起,我还有事(笑眯眯)。""我下个月的时间不确定呀(笑眯眯)。"给出蹩脚的理由会心累,因此我不会把理由说出来。

主动担任聚会干事,选一家自己觉得舒服的店

高田　我不喜欢五人以上的聚会,因此,当我跳槽到新公司时,一开始就和同事们说了我讨厌聚会。同事们的反应很平淡,只是说:"哦,原来你不喜欢啊。"也有很多同事附和我的说法,纷纷说道:"我也是。"遇到不得不参加的聚会,例如自己部门的聚会时,我会主动担任干事。因为干事可以选择自己喜欢、不拥挤、不吵闹的餐厅,这样聚会的时候就可以相对舒服一些。

除此之外,还有这些小妙招!

如果我有事,就会如实地告诉他们不去参加聚会。手头没事的时候,就不得不参加聚会了,但聚会之后又会感到很烦躁,所以我只参加第一轮聚餐。如果你下定决心每三次邀约只答应一次,就能轻松拒绝突如其来的邀约了。	我会委婉拒绝,告诉他们:"我身体不舒服,为了不影响明天的工作,这次我可以不参加吗?"或者"这个月我的钱不太够用,这次我就不参加了,下次一定和大家一起聚餐。"
爱梦	马基

第 2 章
解决职场烦恼的锦囊妙计

语气轻快地拒绝,告诉他"那天我有点事去不了呀",效果意外地好

很多高敏感人士都不喜欢人多的场合。聚会时会场声音嘈杂、饭桌杯盘狼藉、哪位同事在勉强挤出笑脸等,各种不同以往的信息一股脑地涌过来,使高敏感人士因接收过多刺激而倍感疲惫。

当你要拒绝时,首先要做到的一点是"语气轻快"。你可以说:"那天有点事去不了,不好意思。"

有人担心如果拒绝参加聚会,会被同事误会"不想和我们搞好关系"。正因如此,你才更要注意说话的语气。你可以说:"我不擅长和很多人一起聚餐喝酒。"或者"我一喝酒,第二天准误事。但一去聚餐,我就想喝酒。"你要让同事知道,你不去聚餐不是因为讨厌他们,仅仅是因为不擅长应付这种场合而已。

你也可以给自己定下规矩，比如：只参加帮助过自己的同事的送别会，或者每被邀请三次只参加一次。

如果在某些情况下不得不参加，那你可以试试在整个过程中放松地坐着。如果你勉强打起精神，表现出玩得很开心的样子，强迫自己比平时更活跃，反应更夸张，或者帮助够不到菜的同事夹菜，那你会更容易感到累。

如果你能在桌子边缘找到位置，或者能坐在带给你安全感的人旁边，你就可以放松地坐着了。听对方讲话，遇到感兴趣的话题就提问题。如果找不到合适的话题，也可以问他"最近都在干什么"。在这样轻松的环境下，你会感到很舒服。

要点

参加聚餐时，扮演倾听者的角色。放松地坐着，你会感到很舒服。

21 在职场中一直强打精神，每天都过得很累怎么办？

> 今天又是疲惫的一天！

砰！

　　在职场中，一项工作刚刚做完，另一项工作马上分配过来，精神总是处于紧张状态，回家之后感觉筋疲力尽。明明准时下班，却仍然累瘫在床。怎样才能在忙碌状态中放松神经，转换心情呢？

宣布"今天'关门'休息",将紧张的情绪拒之门外

高田 到了下班时间如果感到很累,我就会向周围同事宣布"今天我不做了""今天'关门'休息",然后用 5~20 分钟收拾办公桌,拿出点心吃掉。我觉得做一些不用动脑的事情可以缓解紧张情绪。虽然我的工作是允许中途休息的,但是在下班之前我仍然要长时间集中注意力,因此宣布"我要'关门'休息"可以给自己放个假。

即使没有事,也可以散散步,到外面走一走

小绫 即使没有事,也可以去邮局或者便利店散散步,在外面走一走可以让人放松下来。这样能从空间上与公司拉开距离,景色和周围的人都变了,心情自然变好了。

喝各种不同的饮料,去其他楼层上厕所

小樱 我的工作氛围很紧张,办公室非常安静,没办法休息,因此我会通过买饮料犒劳自己,或者去其他楼层上厕所,顺便对着镜子好好表扬自己。

除此之外,还有这些小妙招!

我会去洗手间,按摩头上的穴位来放松身心。	我会在午休期间去安静的地方,或者去常去的餐厅吃午饭、喝一杯美味的咖啡来缓解压力。	休息时间我一定会一个人听听音乐、看看书。
绣球花	凛花凛子	雪月花

第2章
解决职场烦恼的锦囊妙计

感到累的不是你的身体，而是精神

要允许自己休息一下

高敏感人士在职场打起精神工作了一整天，回到家会感到筋疲力尽。和他们聊一聊，你会发现他们在公司一直不停地在工作，"一件事情忙完了，就马上忙下一件事"，导致完全没有休息的时间。有的人忙起来连上厕所的时间都没有，即使有短暂的午休时间，也不愿意一直休息，而是马上回到工作中。"唯一的休息时间只有午休，其余时间大脑都在全速运转"，这样当然会很累。

处于这种工作状态的高敏感人士，他们的精神比身体更累。他们会因为一直绷紧神经而疲惫异常。高敏感人士要做的，首先是给自己松绑，告诉自己"可以稍微休息一下"。冷静下来看看周围，你就会发现大家并不都在过度工

高敏感人士的幸福诀窍

作。他们或是与同事聊天，或是茫然地盯着电脑屏幕。除了午休时间，他们会抽出其他时间来放松。

不要让你的大脑一直处于运转状态，要在工作告一段落时休息一下，在工作完成之后再休息一下。一定要经常休息。

休息的关键是"做一些无须用脑的事情"。如果长期思考工作或者浏览网络新闻，那么你的大脑就得不到休息，紧张状态也就无法消除。

你可以抽出时间动一动身体，利用你的五感，比如去其他楼层上厕所，顺便在楼道里散散步；喝饮料时仔细品尝它的味道；什么也不做，呆呆地看风景，等等。如果介意周围同事的眼光，那就做一些不用动脑的简单事情，比如整理办公桌、把不用的文件放进碎纸机，这些事情同样可以缓解压力。

如果你能时不时地主动缓解紧张情绪，那么结束工作之后就不会那么累了。

> **要点**
> 做一些不用动脑的简单事情来缓解压力。

第 2 章
解决职场烦恼的锦囊妙计

专栏

高敏感人士为什么感到特别辛苦？

在高敏感人士当中，有的人生活得很辛苦，有的人过得很惬意。如果生活得很辛苦，那么辛苦从何而来？从与高敏感人士的交流中，我发现生活不如意多与以下三大原因有关。

第一个原因是高敏感人士属于少数群体。

尽管 10 人当中就有 1 人是高敏感人士，但是从社会整体上看，他们仍然属于少数派。从工作方式到周围环境（例如咖啡馆背景音乐的音量），都只满足了大多数人的要求（要让大多数人觉得没问题）。而对于感官异常敏锐的高敏感人士来说，他们常常感到难以忍受，且工作起来很痛苦。这与右利手和左利手类似，正如许多产品都是按照右利手的习惯来配置的一样，尽管并无恶意，但社会上的事物往往会迎合大多数人的喜好。

此外，因为高敏感人士与周围人的感受不同，所以人们会认为他们的感觉是不对的，觉得他们担心太多、想得太多。有的时候连他们自己都否定自己，觉得"我太过担心，都是我的错"。

这些痛苦不是因为他们是高敏感人士，而是因为他们是少数派。

第二个原因是受到成长环境的影响。尽管敏感气质是与生俱来的，但是这类人的成长环境决定了他们对于一些问题是秉持无所谓的态度，还是秉持极其担心并感到焦虑不安的态度。

原生家庭未给予安全感，或者小时候受过欺凌，都可能导致一个人自我否定。即使从小没有受到虐待，但因为过于敏感且与他人不同，而被看作"神经质的人""自私任性的人"，自己的话无法被他人理解、接受，那么他也不会觉得"我这样就很好"，他也会感到很痛苦。

第 2 章
解决职场烦恼的锦囊妙计

第三个原因是社会状况。当今社会高度重视自我责任，就业也不稳定，人们必须依靠自己的力量活下去，各种压力让人透不过气来。无论是高敏感人士还是非敏感人士都容易感受到社会的压力，但高敏感人士更容易受到压力的影响，因为他们的感知能力更强，并且他们更为周围的人着想，无法自私自利地生活，所以，这些都让他们更容易感到痛苦。

人们都说，现在的年轻人太敏感。事实上，也有五六十岁的高敏感人士来找我咨询。其实，高敏感人士以前也一直存在，但因为现在的社会压力大，所以越来越多的人为工作和人际关系感到苦恼，在苦恼中越来越多的人发现自己是高敏感人士。我认为，高敏感人士感受到痛苦是社会失调的表现。

少数群体、成长环境、社会状况，这些因素相互影响。就业不稳定、社会福祉制度出现裂痕，在这种"必须依靠自己的力量生存下去"的社会中，简单地享受工作或者培养周到礼貌的性格都被看作是低效的。父母要求孩子有能力、优秀，敏感的孩子会敏锐地捕捉到父母的价值观，因此他们会督促自己，告诉自己要被爱、被认可，就必须能够做到××。

如果你的内心不够强大，就很难正视你与他人的不同。现在的社会常常会妨碍你自我肯定，阻止你认为"无论怎样的我都很好"。

然而，这些问题不能全部推给社会或家庭，把高敏感的原因完全归咎于"社会不好"或者"家庭不好"。我们既然是社会的一员，就不能与社会割裂。我的观点是：社会有问题，并且社会的价值观也影响到了我们自己。

在重视自己的真心，努力活出自我的过程中，你会直面内心深处的社会价值观。我希望在未来，越来越多的人能关注自己的幸福所在，活出真实的自我，尊重他人不同的想法和感受，并认识到"这样的我很好，这样的你也很好"。

第 3 章

解决日常烦恼的锦囊妙计

这里漏掉了，下次注意哟。
啊！好的！不好意思！
只是被人稍微说了一下，怎么这么难受呢？
记在本子上
发生的事
自己的心情
身体情况
天气
啊，这个是老问题了。
生理期前 + 工作忙
从“复活清单”中选择
· 喝茶
· 做瑜伽
· 睡觉
· 看搞笑视频
· 和朋友聊天
喝杯茶就去睡觉吧。

22 因为微不足道的小事而情绪低落怎么办？

> 没必要那么难受啦……

我也知道那是一件小事，但还是连续几天情绪低落。周围的人很难理解我的感受，在他们看来"明明没有什么大不了的……"我自己也不知道应该怎么办。当情绪低落时，你如何让自己振作起来？

把事情写下来，试着去理解自己的感受

阿直　即使是现在，我偶尔也会因为想象力过于活跃而感到焦虑或沮丧。每逢这种时候，我都会把自己的想法如实地写在本子上。当我知道自己焦虑或生气的原因之后，我就能稍稍消化掉负面情绪，并且心里会感觉轻松一些。

只要找人聊聊就能解决问题

玛丽琳　我会找对事情一无所知的人闲聊，或者和谈得来的人聊聊。有时只要找人聊聊就能解决问题。然后我会回家，一个人待在安静的、灯光昏暗的房间里看书或者抱着玩偶。当我忍不住哭出来的时候，一切就都发泄出来了。

为自己创造一点奢华时光

银河　买上蛋糕等小奢侈品回家，早早泡澡，然后享用它。为自己腾出时间，创造一些平时没有的奢华时光。

除此之外，还有这些小妙招！

从今天发生的事情当中（稍早前的事情也可以），选择性回想那些好的、让你高兴的事情，让它们像护身符一样保护你，帮你转换情绪。

火车探险

当我想哭的时候，我会放声大哭，让自己真切地感受痛苦的情绪。相比努力让自己不陷入沮丧，这种做法可以让自己更快地振作起来。

仁隆

我的办法就是睡觉！有时候我因为想得太多而失眠，睡一觉之后，我的情绪就稳定了。

契奇

第3章
解决日常烦恼的锦囊妙计

把一切都记录下来，
总结出情绪低落与恢复的模式

因为一些琐事而连续多天情绪低落，自己也不知道怎么办。针对这种情况，我们可以采用以下两种方法。

1. 总结出模式，针对性处理

情绪低落总会呈现出某些固定模式。我们要先记录情绪低落时的情况（身体状况、天气、工作情况等）。经过一段时间的总结，你就能发现属于你的固定模式，例如"工作交期临近时，即使在私人生活中我也会感到焦虑不安""生理期前发生一点小事都会感到沮丧"，等等。

当你情绪低落的时候，可以翻看一下你以往的记录。如果发现这次还是遵循惯常的模式，你就能客观地看待自己的情况，情绪也会有所平复。

在心情愉悦的时候，提前写下能让自己满血复活的方法，比如喝杯热茶、散散步、整理东西等，就不会被沮丧的情绪压垮，做到从容应对。

在问卷调查中，小伙伴们提供了以下改善情绪的方法。

H_2O　早晚散步时，我会想到各种烦心事，然后也更容易想出解决方法。我还能从中感受到一种排毒效果。清新的空气和稀少的人群对我的刺激很小，使我感到非常平静。

哟哟　当走路去上班的时候，我想象自己正沿着最喜欢的夏威夷海滩散步，尽量不去想那些烦心事。

羽唯　我会和他人倾诉，倾诉对象不仅有理解高敏感人士的人，也有不理解的人。这种做法能让我客观、积极地看待问题。

2. 避免情绪低落

在第一种方法中我们谈到了如何应对情绪低落。不过，我们最好从一开始就避免陷入情绪低落的状态。

当你发现自己因为一点小事就情绪低落时，你要反思"是不是我每天压抑得太多了"。如果你压抑自己内心"好讨厌""好痛苦"的真实感受，把自己逼得很紧，那就会

第 3 章
解决日常烦恼的锦囊妙计

像压垮骆驼的最后一根稻草一样,要么一丁点小事就会让你的情绪陡然直下,要么让你在生理期前无法很好地控制情绪。

"很讨厌""很难受"都是非常重要的、真实的感受。当你感到很累的时候,不要觉得"这点程度的疲累不值得停下工作",而是要去好好休息。当你觉得某人很讨厌的时候,就要和他保持距离。一定要重视自己内心的真实感受,善待自己。

有的高敏感人士从小就无法对外倾诉自己的负面情绪,他们会压抑自己"我不喜欢他""我很难受"的感受,无法真正感知自己。

当你无法察觉自己的真实感受时,就去观察一下自己的身体状况吧。在前面的章节(详见第 1 章第 4 节)我们说过身心一体,身体是心灵的镜子。当你的身体出现变化,比如肠胃不适或者长时间的皮肤问题,那么请回想一下"我的压力是不是很大""我的身体是不是在排斥些什么"。

当身体出现症状时,你首先要做的就是善待自己,放慢工作和生活的脚步，少为别人做事，并且把时间留给自己。当你关注自己、善待自己时，你就会找到身体问题的根源，你会发现"果然是因为太累了""压力居然这么大"。

只要平时注重自己的真实感受，极度沮丧的情况就会得到改善。

有时，极度低落的情绪可能与过去的创伤有关，如果你感到太痛苦了，请寻求心理咨询师等专业人士的帮助。

要点 重视内心厌恶或疲惫的真实感受，让自己好好休息。

23 对自己没有信心

难道方向错了？

努力方向

有高敏感人士因为对自己没有信心，所以过来寻求我的帮助。他说自己能做好工作和家务，但一直以来都缺乏自信。之前也曾通过各种方法树立自信，但结果一直不尽如人意，走投无路之下他找到了我。在我看来，如果多年来一直都很痛苦，或许是因为努力的方向搞错了。想树立或者找回自信，首先要知道什么是自信。

花时间做自己喜欢的事

高敏感女孩 我对自己没有信心的时候,就是没有照顾好自己的时候。当我太累了,或者只顾关注别人的时候,以自我为中心的信念便摇摇欲坠,自信心也会逐渐消失。而由我自己做选择的时候,我就能找回自信,因此,我会主动调整自己,安排自己的生活。比如,我会深呼吸或者喝茶放松一下。尽管这些事情看起来是在浪费时间,但是像这样花时间做自己喜欢的事情,心情就会逐渐好起来。

把赞扬和感谢放到"心灵存钱罐"中

火车探险 把别人的赞扬和感谢妥帖地放到"心灵存钱罐"中,这样你就会越来越认可自己,越来越自信,因此,我们要多做让自己有成就感的事情。

做真正享受的事

暖心的熊本熊 一直以来,我们都在努力回避自己不擅长的事,为自己无法做到的事耿耿于怀,以至于无法从中感到快乐。怎样才能保持愉悦的心情呢?答案是我们要做自己喜欢的、让自己感到高兴的事。哪怕抽出一点点时间去做,心情都会好起来。找个固定的时间去做这些事,让它成为你的习惯。现在的我正是这样做的,我在练习刺绣、阅读、芭蕾舞和跑步。

除此之外,还有这些小妙招!

我曾经因为自己的敏感而丧失信心,不明白自己为什么会这样,但后来我知道自己是高敏感人士,就可以接受自己的这一面了。	在人前发言后,我会尽可能多地询问别人的感想和意见反馈。我觉得自己表现不佳,但意外获得了大家的夸赞,于是我就有了自信。	我整理了房间,扔掉了一些东西之后,发现自己能按照优先顺序把事情处理好,无论是工作还是娱乐都能乐在其中,我因此变得更加自信了。
川口	苹果	希尔

第 3 章
解决日常烦恼的锦囊妙计

找回安全感——"我这样就很好"

自信究竟是什么？只要我们把它分为自我肯定感和自我效能感两个方面进行考察，就能发现它的本质。

自我肯定感指的是对自己的肯定，这是一种"我这样就很好"的感觉。这是对自己整体的肯定，既肯定好的方面，也肯定不好的方面。它让你觉得"我存在于这个世界上真好"，它能给你带来生存上的安全感。

而自我效能感指的是"我有做某事的能力"。这是一种对特定事物的信心，比如"我对自己的英语水平很有信心"。

当咨询者说"我对自己没有信心"时，通常指的是缺乏自我肯定感。

很多人为了获得他人的肯定而考取各种证书，在工作中努力做出成果。这样做尽管会提高自我效能感，但很难提高自我肯定感。

因为他们真正想要的是一种安全感,"不是能做什么事或者不能做什么事,这些都无关紧要。重要的是我在这里就很好"。你有多少技能并不重要,重要的是你能接受自己,接受"即使有做不到的事情,有不好的地方也没关系"的自己,否则就无法获得安全感。

此外,自我肯定感一定不能缺乏这样一种感觉,那就是"我的感觉对我来说是真实的"。这种感觉是人与生俱来的。小婴儿饿的时候会哭泣。我们出生的时候,会一直肯定自己的感受,不会顾及任何人。

高敏感人士常常感觉自己与周围人不同,因此他们有时会怀疑自己。"我的感觉是不是有点奇怪""是不是自己做得不行"。如果无法相信自己的感受,那么我们就会失去判断的依据。我们便不再知道什么于我们是有利的,什么是不利的。我们的行动标准不再是我们自己的想法,而是周围的人是怎么想的。

如果你对自己不满意,就会通过被别人认可来获得安全感,你就容易被别人的评价所左右。即使你很累也要继

第 3 章
解决日常烦恼的锦囊妙计

续工作；如果没有经常得到表扬，你就会感到焦虑。工作顺利时心情雀跃，工作不顺利时就会突然感到沮丧，这种激烈的情绪波动会不断重复。

那么，我们要怎样做才能重新获得自我肯定感，换句话说，怎样做才能获得"这样的我就很好"这种安全感呢？

答案是我们要专注于自己的"心与身"。

重视"我想做什么"，而不是"我应该做什么"

1. 重视真实感受，而不是理性思考

如果你有想做的事情，例如散步、画画、写博客或者睡午觉，无论多小的事情都去尝试。不想做的事，就尽量不要去做。

不要过于在意工作能力、效率或结果，要重视欣赏和体会，感受微风拂面并品尝美味佳肴。

2. 感知身体情况，善待自己

当你感到累的时候，不要觉得"这点疲惫不算什么"，勉强自己继续工作，而要停下来小憩一下，晚上早点睡觉，让自己休息好。

3. 认可自己的感受

当你感到悲伤或愤怒时，不要否定自己的感觉，不要觉得"我怎么会因为这点小事就悲观沮丧""我心胸狭隘"，要接受自己"好讨厌""好难过"的真实感受。

你还可以向信任的人倾诉你的感受，或者把心情记到日记中。

当你将注意力转向自己的身心，重视内心真实的感受时，你就会找回"这样的我就很好"的感觉。

重视自己的身心，就是把对他人的注意力转回到自己身上。这样你的心态就会发生变化：从"我有能力，所以希望你认可我"这种一味征求他人认可的状态，转变为认可自己的状态。

要点

专注于自己的身心，满足自己内心的真实需求。

24 怎样和令我头疼的人打交道?

"他也不是不好""我要努力找到他的优点"……即使你这样想,也无法喜欢上对方,你不喜欢他的动作,和他说话也很痛苦。和令你头疼的人打交道时,怎样做才能让自己更轻松?

明确业务职责，减少互动

中井　我曾经与一位上司组成二人小组进行团队工作，这位上司说话很刻薄，与她合作让我特别难受。因为业务内容重叠会增加双方的交流，所以我划分了上下游职责（例如"到这里为止由我来做，之后的就拜托你来做吧"），尽量减少和她互动。如果你对她的厌恶不至于影响到工作，你可以这样告诉自己："头疼就头疼吧，该工作还是要工作"或者"她就是那样一个人，没办法"，这样想就能轻松一些。

不要热情地和他人聊天，要保持距离

哦呦呦　我会与我不喜欢的人保持距离。如果你热情地和他聊天，他就会顺势和你攀谈起来，因此我会尽量简短地回应他。如果实在没办法和他共事，我就告诉上司，让他把我调到另一个部门。

摸清对方的喜好和他最在意的点

诗水　摸清对方的喜好和他最在意的点，适当配合他，工作会更容易开展。如果你不知道他喜欢什么，可以老老实实问他："咱们要在一起工作，我想让咱们的合作更顺利，所以想问问你有没有非常在意的点，或者希望我遵守的准则？"你这样问他，他的心情不会太差，多多少少会告诉你的。

除此之外，还有这些小妙招！

后来我发现我不喜欢她是因为缺乏沟通，于是我有意识地多和她交流，结果我就不那么讨厌她了，我们的合作也变得很顺利。

阿麻

和让你头疼的人搭话，常常会因为各种情绪导致无法很好地把自己的想法说出来，所以我会等着对方和我说话。回答他的问题时，我可以不用想太多，交流也就没那么困难了。

契奇

与他保持最基本的交往，但工作上的必要沟通一定要做好（尤其是日常寒暄要做到位）。

美穗

第3章
解决日常烦恼的锦囊妙计

允许自己讨厌他人，与他人拉开心理距离

高敏感人士往往很正直，并且具有很强的同理心，因此，他们比其他人更渴望与周围的人建立良好的关系。他们的想法是"我一定要和同事们搞好关系""每个人都有优点，我要找到他们的优点，并且喜欢上他们"。当你不允许自己讨厌别人时，你会自欺欺人地掩盖自己的真实想法，甚至试图主动接近自己不喜欢的人。

首先，要允许自己讨厌一个人，告诉自己"我可以不喜欢他"。世界上有各种各样的人，自然有你不喜欢、与你不合拍的人。不要强求自己喜欢所有人，告诉自己"我不喜欢他""我讨厌他"，从而与他拉开心理距离。从身体语言上看，这种距离感表现为自己虽然认真地和他打招呼，但不会主动找他交流。勉强自己喜欢上他，反而会对他"过敏"。从心理上拉开距离，你的心情会更加轻松，可

> 高敏感人士
> 的幸福诀窍

以冷静、客观地看待这个人，能够淡然地说出"算了，没关系"或者"他这方面很讨厌，但其他方面的确很强"。

其次，你还要想一下你希望从对方那里得到什么。你可能会发现，你提出的要求很难被满足，比如"希望你能愉快地回应我"。如果是这样，你首先要制定一个更现实的目标，比如"即使你不支持我的企划，盖个章也是可以的"，只要他满足你的要求就行。

自己的反应要由自己控制。当对方对你友善时，你会觉得"他真是个好人！"。当你被他无视时，你就会自我贬低。你的情绪总是受他人影响。"不管你怎么做，我都会按照我喜欢的方式行事。你对我好，我会感激你；你对我不好，我会讨厌你。"当你能够采取这种毅然决然的态度，就不容易被他人牵着鼻子走。

要点

迎合他人的反应，会被他人牵着鼻子走。要表现出"你对我好，我会感激你；你对我不好，我会讨厌你"的态度。

25 怎样控制与社交软件的距离感？

偶尔也让社交软件休息一下。

社交软件可以帮我们找到情投意合的朋友，是非常好用的工具。你发出的帖子得到了别人的回应，你会非常高兴。但从另一个角度看，我们从社交软件中接收了大量信息，这让我们感到异常疲惫。怎样做才能既享受社交软件带来的便利，又不被它所控制呢？

只在自己喜欢的社交圈子里玩，只点赞，不进一步交流

亚子　以前网上冲浪遇到不开心的事情，我会一气之下退出去。现在的我看到网评即使很开心，也会与对方保持一定的距离，只点赞，不会进一步交流。我只在自己喜欢的社交圈子（比如都喜欢某种动物的圈子）里玩。

从主屏幕中把社交软件删掉，让自己休息一下

横山　由于工作原因，我会使用一些主流社交软件。但看得多了，就会受到它们的影响。自己的推文被点赞虽然很高兴，但是一直在意这件事会让自己很累。我会利用手机（安卓）的相关功能，把社交软件从主屏幕中删掉。

退出社区也没关系

电风扇　对我来说，查看推特时间轴很有压力，因此有的时候我没打招呼就退出了。我一直很担心这样做会被指责，但当我发现没事时，我松了一口气。原来很多人都和我一样，大家都觉得很累啊。

除此之外，还有这些小妙招！

最近我正在戒网，这种体验简直太好了。我强烈推荐高敏感人士试试。

小丫

我玩推特和"照片墙"。当看到不想看的信息，内心无法保持平静时，我会马上关掉软件。

川口

我正在尝试完全不用社交软件，关闭所有通知，并且忽略新消息。这样做了几次之后，我发现社交软件上并没有什么要紧事，然后我就觉得轻松了。

千秋

第3章
解决日常烦恼的锦囊妙计

联系那些你真正想联系的人

社交软件可以帮助我们说出那些面对面无法表达的、内心深处的想法，以及在广阔的世界中寻找志同道合的伙伴。由此来看，社交软件很适合高敏感人士。另外，由于高敏感人士每天会接收到大量信息，他们可以利用博客或推特输出信息，整理自己的心绪。这是社交软件的优点。

但从另一方面看，社交软件中充斥着大量陌生人的观点，接触过多很容易接收到超量的信息。当你看到各种繁杂的信息时，你的大脑开始高速运转，你会很容易感到疲惫。因此我们不要被动地、不加选择地接收所有信息，要掌握主动权，自己决定看什么以及什么时候看。

具体来说，要注意：

- 只和想要阅读完整帖子的人，或者情绪稳定的人交流。

高敏感人士
的幸福诀窍

- 不要长时间停留在社交软件的主页面上，要从个人简介页面发帖（主页面常常弹出各种信息）。
- 关闭所有通知。
- 即便朋友使用社交软件，也不要去查看他发过的所有帖子。如果想知道他的近况，就等见面时直接问他。
- 为自己设定一个"远离社交软件日"。

顺便说一句，我现在最常用的社交媒体是推特，但我把所有人都设置为勿扰模式。只有当我想知道对方在干什么的时候，才会检索他的账号来看。想好你要看什么，然后再去看，这样会让你接收的信息量大幅减少。

当你远离社交软件之后，你会发现，平时整日刷手机让你的大脑不得休息。而且你还会发现，不刷手机对你的生活并没有什么影响。我们应当享受社交软件为我们带来的便利，而不是为它所困。

要点

通过"数字排毒"（主动减少使用智能手机、电脑等数字产品的行为），为自己打造宁静的时光。

26 看到关于突发事件的新闻报道，就会情绪低落

电视和网络中常常会播放突发事件的新闻。有的高敏感人士会因此受到冲击，他们会联想到当事者的心情，然后很多天一直情绪低落。怎样做才能与这种报道保持距离，从而保证情绪的稳定呢？

想一想是否需要深度了解这些新闻，以及知道这些对自己是否有好处

可可　虽然对这些新闻很感兴趣，但我会要求自己赶紧停下来，不去看它。报道带来的悲观氛围会影响到我，我会被负面情绪包裹，并被它拖垮。如果这些新闻需要你深入了解，并且对你有好处，那么看一下也行，不过我觉得最好还是仔细斟酌后再做决定。

只看新闻标题

幸雄　我尽量不看负面新闻，尤其是在自己能量不足的时候。因为受到新闻内容的影响，我会很难受。我看报纸，但不看电视和网络中的新闻。我只要大致浏览标题就能了解社会上发生的事，在不想看的时候，我连报纸也不会读。

和猫咪说话很治愈

小青　当某些报道让我心情低落时，我会和我的猫咪说话，告诉它发生了什么事，说自己的心好累。看到猫咪可爱的样子，我就被治愈了。

除此之外，还有这些小妙招！

我会和朋友、家人聊新闻的内容。然后我发现，我还可以从其他角度来看待这些报道。他们教会我从不同的角度看待这些事情。	我会看其他报道，转移注意力。虽然我仍然感到心痛，但是我不会忘记这是别人的事情，和我没有关系。	我只看字幕，不听声音。
北极熊	**小夏**	**夏美**

第3章
解决日常烦恼的锦囊妙计

如果新闻报道让你很难受，那就远离这些信息

由于高敏感人士的镜像神经元比非敏感人士更活跃，对他人的痛苦更敏感，因此，当他们看到关于突发事件的报道时，可能会很难受，情绪也会变得非常低落。

如果这些报道让你感到难受，那就改变自己获取信息的途径，想办法不要让这些新闻随意出现在你的视野中。很多高敏感人士家里不买电视，就是这个道理。

我建议选择广播或报纸等较为温和的媒体来获取信息，而不是充分调动感官的电视节目或网络新闻。广播中不存在视觉信息，而且播音员的声音平淡、温和，比起音像兼备的电视，它对听众的刺激要小得多。报纸基本上都是黑白的，比网络新闻带来的心理冲击要小。看电视的时候，关闭声音，只看字幕，也是个不错的方法。

高敏感人士的幸福诀窍

当出现自然灾害、重大事故或突发事件时，媒体会集中报道。不要自以为是，觉得自己必须了解这件事。当你感到心情不适时，一定要远离这些报道。不看报道不代表不近人情，你可以在心情平复之后再去帮助陷入困境的人。

如果你很担心现场情况，或者想了解对策，可以看一下相关支援团体的网站。上面会写有支援信息，比如"我们给他们提供了食物""举办了相关知识的讲座活动"。这比只了解现场情况更令人安心，另外，你还可以捐款来帮助他们。

要点

浏览支援团体的网站，通过捐款来表达自己的支持。

27 对温度、声音和光线很敏感怎么办？

　　无论在咖啡店、办公室还是自己家中，我对周围的声音和光线都很敏感，无法镇定下来。小伙伴们都是怎样处理这种情况的呢？怎样做才能感觉更舒服一点？

我会随身带着墨镜和耳塞，即使不用，随身带着也安心

绣球花　我会随身带着衣服、墨镜和耳塞，需要时会用它们来保护自己。即使用不到，只要想到遇到情况它们可以保护自己，我就感到很安心。

我不喜欢荧光灯，家里都采用间接照明

横山　我不喜欢白色的荧光灯，因为它让我感觉我必须得去工作。所以在家的时候，我会采用间接照明，让自己感觉更舒服。我的副业是设计师，因此只有检查色彩完成情况时才会打开荧光灯，用完之后马上切换到间接照明。

当我受不了某种声音时，我就和上司申请戴上耳塞

小青　曾经有一段时间，我对职场中的声音很敏感，于是和上司谈了一下，他同意我戴上耳塞。我从事的业务允许我这样做。如果在自己的房间，我会拉上遮光窗帘。如果睡衣料子太硬睡不着，我会把睡衣脱下来睡觉。

除此之外，还有这些小妙招！

睡觉时哪怕一丁点光线或声音都会影响到我，所以我尽可能采取措施，例如把窗帘拉得严严实实地遮挡光线，把门关紧，不让洗手间换气扇的声音传进来等。	在家里，我会撤掉所有让我觉得不舒服的东西。在外面，我会问对方："这个让我不舒服，可以调整一下吗？"如果不能调整，我就会离开那里去别处。	我会调整家里的光线、温度和声音，尽量在家中打造出安心的环境。比如，我不喜欢在左侧放东西，因此很多东西都放在右侧。
北极熊	**久美**	**小遥**

第3章
解决日常烦恼的锦囊妙计

关注自己的感受，打造舒适的环境

高敏感人士容易受到声音、光线等外部环境因素的影响。不要觉得这是大惊小怪，要尽量一点点地为自己打造舒适的环境。高敏感的小伙伴的做法如下。

声音

- 我经常随身携带降噪耳机，并在需要的时候戴上。（花丸）
- 我觉得播放自己喜欢的音乐，用音乐来对抗不喜欢的声音，这很有效。我会专注于喜欢的音乐，就不那么在意讨厌的声音了。（步美的步美）
- 听到讨厌的声音时，我会去听轻柔的音乐。（小春）
- 记得上小学时，我很讨厌听到铝制餐盘和勺子刮擦的

高敏感人士
的幸福诀窍

声音,所以我让父母把金属勺子换成木勺。(川口)

光

- 在我很累的时候,使用发出蓝光的手机或电脑就更不舒服了,所以在家时我会戴上防蓝光眼镜。(川口)
- 调节灯光的明暗度,戴不同颜色的墨镜。(步美的步美)
- 我会在窗帘上下功夫,买那种很厚的、可以遮光的窗帘。(佐助)
- 我不喜欢阴暗的环境,所以即使在白天,如果光线不足,我也会开灯。(空弥)
- 我不喜欢强光,所以夏天的白天我都会把遮光卷帘拉下一半。晚上我会早早关上卧室灯,点上蜡烛,发一会儿呆。(小Q)
- 睡觉的时候,我会用布把光源盖住,或者用被子蒙头睡觉。(M.N)

第 3 章
解决日常烦恼的锦囊妙计

温度

- 我会利用空调小幅度调整温度。我怕冷,所以总是随身带一条小毯子。(Lakshy)
- 我会确认空调出风口的位置,不坐在直接吹到风的位子上。(花丸)
- 我会随身带着围巾或小毯子。(夏美)

气味

- 我会戴口罩,避免受到气味刺激。(津彦)
- 有时我会使用香薰。在工作中,我会带一些让我感觉良好的小物件,比如香薰喷雾或者护手霜。(小丸)
- 我会随身携带有柔顺剂香味的手帕。(年糕)
- 我不喜欢腥味,水分没有沥干的碗筷就有这种味道,所以我一定会用热水洗碗,然后马上把水擦干净,最后通风一段时间,让它们干透。我还会在每

高敏感人士的幸福诀窍

个房间中都放置除臭剂。(惠理)

当睡眠不足或者感到疲倦的时候，平时并不介意的声音或光线也会变得很碍眼，所以我们一定要在平时就照顾好自己的身体。

有的人非常容易受到周围环境的影响，他们在日常生活中过得很辛苦，但如果利用好以下方法，就会有不错的效果。

情绪低落时，听一听安静的古典音乐，放松一下。

去一个非常棒的地方，全身心地感受它的好。

晚上在烛光下放松身心。

穿着舒适的衣服会变得很开心

总之，我们可以借助环境的力量调整心情。请你一定要重视自己的感受，打造让心灵感到舒适的环境。

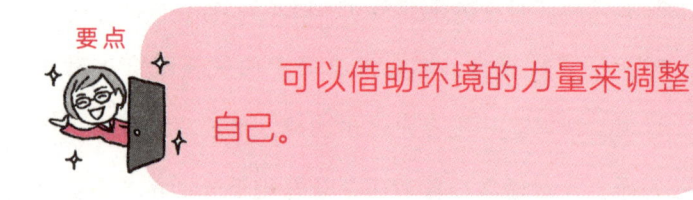

> **要点**
> 可以借助环境的力量来调整自己。

第3章
解决日常烦恼的锦囊妙计

专栏

敏感与神经质的区别

当我说敏感是一种气质时,有人会想"所以这个烦恼一辈子都改变不了了吧",然而事实并非如此。很多情况下,问题是由敏感之外的其他因素引起的,比如无法融入现在的环境;把别人放在第一位,忽视了自己;较差的亲子关系带来的自我否定感,等等。

另外,有的时候导致问题出现的不是敏感,而是神经质。尽管这两者容易被混淆,但是敏感(高敏感人士特质)与神经质是完全不同的东西。一个人不管是不是高敏感人士,都可能表现出神经质的状态。

无论在工作中,还是生活中,高敏感人士都会很自然地注意到他人的情绪,知道下一步应该做些什么。不过,

高敏感人士
的幸福诀窍

"因为担心出错而紧张不安，一遍又一遍地检查文件""看到对方心情不好，担心是自己的原因，因此焦虑不已"等，在这些场景中感到强烈不安属于神经质状态。阿伦博士在《发掘孩子的力量》一书中写到"胆怯、神经质、焦虑和容易沮丧等性格并不是高敏感人士与生俱来的遗传特征，而是后天形成的"。

神经质并不是一种特质，而是人为了保护自己免受焦虑影响而出现的一种状态。比如，在一个没有安全感的环境中（家庭或学校）长大，你感到被人否定，没有人保护你，所以你必须保护自己。你会很警惕周围的情况和他人的感受，担心"哪怕犯了一点错，也会被责骂"，担心"会有不好的事情发生"，会变得神经质。这不是你的错，而是环境让你变成了这样。

如果你在日常生活中过得很痛苦，或者在人际交往中一遍又一遍地遇到相同的问题，不要一个人硬扛，去找专家咨询一下吧。尽管回顾过去让你很难受，但是从根源上解决问题会减少你的焦虑，让你的生活更轻松、更有活力。

第4章

发挥高敏感优势的锦囊妙计

善于发现小问题
这里好像错了。
真的呀，谢谢你。
对季节变换很敏感
花儿开始盛开了。
对别人的关照心怀感激
辛苦啦！感冒好了吗？送你一点小点心。
××小姐……
虽然发生了很多事，但是今天还是很幸福！
好咧！满血复活！

28 敏感特质的用武之地（工作篇）

　　高敏感人士经常注意到细节，把别人没想到的事情都考虑在内。这种与生俱来的敏感特质可以在工作中大显身手。本节将从五个方面阐述高敏感人士的能力，同时利用具体事例说明敏感特质在工作中的应用。

读一下工作材料，就知道对方哪里做得不认真

高田　我的工作是为厂家和用户牵线搭桥。只要读一下厂家提供的资料，通过行文措辞，我就大概知道"他们想在这里糊弄"或者"他们想隐瞒这里的问题"。我能敏锐地察觉到用户不喜欢这种措辞，因此让厂家在不歪曲事实的前提下，重新确认材料，调整语言，防止与用户产生纠纷。

我会注意到工作中遇到麻烦的同事，并出手相助

中井　我很容易注意到在工作中情绪低落的人或遇到困难的人，我会和他们交流或者向上司汇报。另外，我能轻而易举地抓住事情的本质，因此我擅长的工作是把所有人的意见整理汇总并做改进。

同事说我犯错少，工作靠谱

小樱　同事告诉我，在琐碎的工作中，我会注意到其他人注意不到的细节，因此很少犯错，处理文件干净利落，值得信赖。若是在其他场合，大家可能会觉得这样的我斤斤计较，但这是工作，必须严谨对待，所以我觉得这个职位很适合我。

除此之外，还有这些小妙招！

当处于领导岗位时，敏感特质让我深谙用人之道。我知道应该在什么时候发声。	敏感促使我在工作中倾听同事的烦恼并帮他们解决问题。	当产品销路不畅时，上一任工作者只知道与过去的销售情况做对比，而我却能从购买人群、竞争对手的产品动态等各个角度展开分析。
雅子	KU	希尔

第4章
发挥高敏感优势的锦囊妙计

高敏感人士的"五大技能"在工作中发挥强大力量

高敏感人士具备五种能力,它们分别是感知力、直觉力、思考力、表现力和良知力。尽管每个人的力量强弱各有不同,但它们都可以在工作中发挥用武之地。我们看一下小伙伴们是怎样在工作中运用这五种技能的。

感知力

感知力是一切的起点。在工作中,这种力量可以通过以下形式表现出来,例如:注意到别人没有注意的小事、察觉问题、读懂非语言沟通的含义等。在它的帮助下,我们在工作中会更认真细致,犯错更少。

- 我擅长发现错字、漏字,还能察觉到一些小问题。

（苹果）

- 我对人的表情很敏感，当我察觉到他很累的时候，我会对他表示关心。（玛丽琳）
- 我对声音敏感，当机器运行不畅时，我能在出现故障之前就察觉到问题，所以领导很重视我。（杏）
- 我的副业是占卜。做线上占卜时，即使客户没写明具体事情，只要读了他的邮件，我也大概知道他在烦恼什么。（高田）

直觉力

通过以往的经验积累，你可以不假思索地在一瞬间知晓答案，这就是直觉。这种能力也可以应用在职场当中，让你明白工作问题出在哪里，看透事情的本质，并且知道最重要的点是什么。

因为细腻地体验着每一次经历，所以高敏感人士在过去的工作和生活中积累了大量经验，他们能够根据经验找

第4章
发挥高敏感优势的锦囊妙计

到解决问题的办法。利用直觉也意味着你相信过去的经验。

- 我能察觉到他人心理的微妙变化,体会到上司和同事的感受,并立即了解他人的需求。(基娅拉)
- 我在餐厅工作。我会通过客人的表情判断我应该找他聊天解闷,还是让他独处。(辉一)
- 因为我很注重细节,所以行政工作做得很好。我擅长发现漏洞,帮公司规避了很多风险。我会对照文件和系统,检查下属处理过的事情。注重细节的我很适合这份工作。(鱼)

思考力

深入思考也是高敏感人士的一大优势。其他人都觉得理所当然的事情,高敏感人士会提出质疑,给出更好的解决方案,进一步改善问题。

因为高敏感人士做事眼光长远,擅长将风险扼杀在萌芽阶段,所以返工情况较少。

- 和同事一起工作时，我会从全局着眼，做到未雨绸缪。发现工作中有准备不充分的地方，如果事情紧急，我会悄悄帮同事把工作做好。(牛肉刺身)

- 我给客户提供的方案总是事无巨细，面面俱到。因为我会先预估客户的需求，然后再做方案，所以顾客对我的方案都很满意。(嘉志)

- 因为我发现公司的营销工具各不相同，操作起来不方便，所以我对它们进行了一番整理，让各地的销售人员用起来更方便。比如，除了数据，我还做了一份小册子，使营销工具一目了然。我还按月总结我们使用过的营销工具，在公司内部网站创建公告板。(希尔)

表现力

感知细节、利用直觉看透本质，同时进行深入思考。

表现力是感知力、直觉力和思考力的结合。在职场中，

第4章
发挥高敏感优势的锦囊妙计

这种能力可以帮助你看出他人的性格，然后根据他人的性格斟酌措辞，与其打交道。这种能力还能帮你做出简单易懂的资料，让你的表达更清晰。

- 写邮件时，我会根据不同的对象，采用不同的措辞，邮件长度也会做出相应调整。我写的邮件简单易懂，这使我有成就感。（仁隆）
- 因为我擅长策划和做视觉效果，所以我很会制作意向图资料，新产品提案也做得很好。（小梦）

良知力

高敏感人士不仅在人际交往方面非常认真，在工作上也很负责。如果你既能做到让自己满意，又能够对他人真诚，就能发挥出巨大的能量。

他们具有强大的同理心，为他人提供贴心服务，而且他们会提供面面俱到的关照，给足他人安全感。

- 我能知道对方在想什么，所以我的服务总是会给客

户留下深刻的印象。我感觉自己的热情好客是与生俱来的。(阿穆)

- 我刚开始和同事、客户说不上话，但是通过体贴的性格、一些倾听技巧和提问技巧，不知不觉间我们就成了好朋友。(107)
- 我从事的是老年护理工作，每天要照顾痴呆症患者。很多人对痴呆症很头疼，不知怎样应对。我尝试走近他们的内心，了解他们的真实感受，帮助他们减轻症状，也因此得到了他们的信任和喜爱。(马基)

发挥力量的关键是要放松。高敏感人士拥有的五种能力中，最基本的是感知力。但当我们压力过大时，感知力就会被封闭起来，很难发挥力量。因此，我们要喝喝茶或者做做伸展运动，让自己的身心放松，然后再开始工作。

要点

发现自己的优势并发挥出来。

29 敏感特质的用武之地（个人生活篇）

悄悄开放

花开了呀！

　　私人时间指的是回家之后可以放松休息的时间。高敏感人士是感性的，他们会仔细品味日常生活中不起眼的瞬间，发现很多小小的幸福。高敏感小伙伴是怎样在生活中发挥敏感特质优势的呢？

我会把照片和文字做得可爱又漂亮，然后发到社交媒体上。我的帖子是治愈自己的良方

玛丽琳　我把照片和文字做得漂亮又可爱，如果是食物照片，我会处理成让人食指大动的样子，然后上传到社交媒体上。网友告诉我，我发的照片很治愈。看到脸书上自己以前的帖子，我觉得自己也被治愈了。

做手工，享受制作细节、手感和色彩搭配的乐趣

绵羊　我会亲自做点心或者手工。我先想象完成后的样式，然后再制作。在制作的过程中我会享受制作细节、手感和色彩搭配的乐趣。如果我完成得好，我会非常高兴。

我会通过声音和行为来判断孩子的情况，听他们说话

拓武　我能够通过声音和行为来推断孩子的情况，判断他们是身体不舒服，精神焦虑，还是有什么烦恼。当孩子有烦恼时，我能温柔地与他们交流，听他们说话。

除此之外，还有这些小妙招！

我能投其所好，让对方开心，看到他的笑脸，我感到很幸福。

久美

我会做点心，喜欢慢慢地、认真地做，然后把它们包得很漂亮。我的敏感特质可以在这里大显身手。

小Q

我能从气味、声音、光线中察觉出异样，比任何人都能更早觉知危险，然后立刻离开那里。

惠里香

第4章
发挥高敏感优势的锦囊妙计

细腻与感性带来丰富的表现力

在前面的章节（详见第4章第1节）中我们介绍了高敏感人士拥有的五种能力。这些能力在日常生活中也能发挥作用。

在这五种能力中，我尤其想强调的是表现力。高敏感人士具备的细腻、感性的特质让他们拥有丰富的表现力。

天空呈现出的蓝色美得迷人心魄；读到美好的文章让人心生感动；与周围人的随意闲聊让人逐渐感受到幸福……高敏感人士就像高分辨率相机一样，以高清细节"拍摄"美好的事物，在心中细细品味，并将最重要的部分浓墨重彩地表现出来。

高敏感人士的细腻、感性的特质不仅能让其在绘画、手工、唱歌等艺术活动中大显身手，还能在写博客、做饭、为社交媒体拍摄照片等日常活动中有用武之地。正因为感

高敏感人士
的幸福诀窍

受细腻，所以才能在作品中最大限度地表现出自己想要传达的东西。

敏感特质也可以让高敏感人士在人际交往中有所作为。

例如，当你的家人与平时表现得不一样的时候，高敏感人士常常会察觉到表情和声音的细微变化，还有人可以通过直觉就知道对方不舒服。他们总是能够通过微小的变化察觉到对方的心理状态并时时关注他人。

要点

高敏感人士的感知力可以在与家人、朋友的关系中大显身手。

30 你是怎样发现自己是高敏感人士的？

分量够所有人吃吗？小 A 喜欢的巧克力口味没剩下几块了。小 B 今天休息，我给他放在桌子上吧。我选曲奇吧，这个旋涡形状的好可爱呀。

这个很好吃吧！

最近，电视、报纸和杂志中经常出现高敏感人士这个词，书店中也专门划出一片区域摆放关于高敏感人士的书籍，高敏感人士越来越多地出现在我们的视野中。小伙伴们都是怎样得知自己是高敏感人士的呢？

我在书店注意到了关于高敏感人士的书

蜜瓜　我有很多小问题，并且不知道为什么自己如此烦恼，于是就到书店想找本书看看。结果我就注意到了有关高敏感人士的书。读过之后我发现作者写的全部符合我的感受，我大受震撼，当场就买下了那本书。

因工作问题感到烦恼的时候，我上网查询，结果查到了高敏感人士

中井　在之前的公司，因为我不喜欢聚餐和团队活动，并且公司规矩也多，所以我压力很大，犹豫要不要辞职。我在网上搜索"像这种情况，我能继续做下去吗"，结果给我推送的是高敏感人士的信息。那时我就意识到：我遇到的就是这个问题！

朋友的儿子是 HSC，我在读书的过程中发现自己是高敏感人士

绣球花　最初，我知道朋友的儿子是 HSC[1]，所以想看看书中有什么建议可以告诉朋友，于是怀着轻松的心情买了《写给高敏感人士的书》。结果在读书时我马上意识到，书中讲的正是自己！

除此之外，还有这些小妙招！

我是看电视节目（"最受欢迎的课程"之高敏感人士课程）发现的。其实之前也曾怀疑过自己是高敏感人士。	我去心理科开抑郁症药物，发现自己的情况与抑郁症的症状不符。后来自己做了一些调查，发现自己是高敏感人士。
小青	高田

---

[1] HSC：Highly Sensitive Child 的略称，指的是高敏感儿童。——作者注

第 4 章
发挥高敏感优势的锦囊妙计

有的高敏感人士活得很痛苦，有的却并非如此

在这里，我想讲述一下为什么很多人认为"高敏感等同于生活痛苦"。

首先，我们来梳理下起因。一个人因为一些事情感到很苦恼，于是利用网络或书籍研究了一番，结果发现自己是高敏感人士。也就是说，他了解高敏感的契机是烦恼，烦恼是这一切的出发点。此外，书籍和媒体将重点放在烦恼上，围绕着烦恼来创作作品。包括我在内，很多人都在社交媒体上讲述自己的烦心事。这种做法很容易给人们带来高敏感等于生活痛苦的印象。事实上，很多高敏感人士都认为"高敏感并不等同于生活痛苦"。

单独看每一个人，你会发现，高敏感人士中有的人生活得很痛苦，而有的人生活得很快乐。高敏感和生活快乐

高敏感人士的幸福诀窍

与否之间的关系，无法简单地一概而论。在实际生活中，这两种情况都是存在的。另外，生活轻松程度也会随着所处环境（工作或人际关系等）的变化而变化。

本书的写作目的是，在认可这两种状态都存在的前提下，尝试找到解决烦恼的办法，同时挖掘并展现敏感特质的优点。

一旦你发现自己是高敏感人士，一时之间你的感官可能会变得更敏锐。与此同时，讨厌的事物也会让你更加讨厌，比如在咖啡店，邻桌的说话声以前不会影响到你，现在你却觉得很刺耳。

在为客户做心理咨询时我切身地感受到，你能感知多少，取决于你在多大程度上接受自己。因为只有你接受了自己，认可现在的自己，你才能安心地去感知事物，感官才会更加敏锐。如果你发现自己是高敏感人士，不用担心，过一段时间你就会习惯这种状态，心情也能平静下来。

要点

当意识到自己的敏感特质时，一时之间感官可能会更加敏锐。

31 知道自己是高敏感人士后，你的烦恼消失了吗？

知道自己是高敏感人士之后，你发生了什么变化？还是一如往常，没有任何改变呢？通过问卷调查，我发现部分高敏感小伙伴有了一些变化。正在阅读本书的读者你呢？

我对自己更友好了

小Q 以前我一直认为自己的敏感是不中用的体现。现在我知道了，这也是自己的一部分，于是我对自己更友好了。在选择工作时，以前我的想法是"即使这份工作对我来说很难，我也要勉强一试"，而现在的我不再勉强自己了。在获得周围同事的认可之后，我可以大大方方地笑着说："我这个人，平时很容易累。"但不管怎样，我还是觉得非敏感人士更好。

知道自己是高敏感人士并不能解决所有问题，但我学会了在不改变自己的前提下去思考

中井 你问我意识到自己是高敏感人士之后，我的困扰是否一下子就解决了？并没有。但我知道了不必勉强自己变成"高能量的人"，我改变了心态，不再勉强自己改变，而是就事论事地解决问题。我很高兴自己有这些变化。

一旦接受了自己，一切问题都变得很简单了

绣球花 当我知道自己为什么反应过度时，我终于松了一口气。意识到自己是高敏感人士，我真的很轻松。虽然我还是一样对那些事情很敏感，但是一旦接受了自己，我就更容易主动制定对策，避免出现不想要的结果。

除此之外，还有这些小妙招！

我意识到，我可以接受自己的敏感，并且开始花更多的时间去放松。	我开始善待自己。我在心里告诉自己，要每天拥抱自己一次。	不管怎样，我的生活变得更轻松了。然而，我知道我并没有克服气味和光线的刺激，因此我必须学会很好地应对这个问题。
幸雄	上田摄子	久美

第4章
发挥高敏感优势的锦囊妙计

了解自己，然后意识到"这样的我就很好"

我认为发现自己是高敏感人士的最大好处就是增加了安全感，换句话说，就是意识到"这样的我就很好"。有的人以前觉得"敏感的自己很不好""自己哪里很怪异"，但在了解高敏感特质之后，开始了解自己，不再自怨自艾。这是非常大的进步。

意识到自己是高敏感人士，对工作也会产生很大的影响。工作出现问题时，你如果觉得这一切都是因为"自己不够努力""自己能力不足"造成的，那么即使很辛苦，你也会一条路闷头走下去，结果可能不尽如人意。但知晓了自己的敏感特质之后，你看待这件事情的视角会发生变化，"工作痛苦并非因为不够努力，而是我不适合这份工作（职场）"。因此，你会思考"什么样的工作能发挥自己的优势呢",从而想办法找到自己的用武之地。

当然,很多情况下,只是了解自己的敏感特质,烦恼并不会消失。针对感觉过于敏锐(例如对光线和声音敏感)的情况,我们需要拿出具体对策。在人际关系方面,我们也需要采取行动。比如:说出自己的真心话、远离伤害我们的人等。

"善待你自己,包括你的性格",有时这会让你的处事方式发生变化。你不再试图融入周围的一切,而是努力活出真实的自己。改变处事方式并不容易,如果你自己无法解决问题,那就去找了解高敏感人士的专家咨询,比如心理咨询师、心理指导教练、精神科医生。

就我自己来说,我的变化也不仅仅依靠了自己的努力。在我迷茫的时候,我做过心理辅导,咨询过很多专家。我真心希望你在意识到自己是高敏感人士之后,能以此为契机活出真实的自己。

> **要点**
> 意识到自己是高敏感人士会带来处事方式的改变。

32 怎样找到适合自己的工作？

适合自己的工作

双向奔赴

高敏感人士要怎样做才能充分发挥自己的优势，轻松自在地工作呢？本节内容将向你介绍选择工作的视角，同时为你提供找到合适工作的高敏感人士的建议，看看他们是怎样找到工作的，以及在选择工作的时候更重视什么。

这是一份符合我喜好的工作

清水　我从事这份工作已经快10年了，因为它符合我的至少一项喜好（我喜欢与老年人在一起，听他们说烦心事）。尽管当时是因为工作地点、时间和薪资等条件偶然选择了这家公司，但是工作本身让我很快乐。

通过网站的风格来考察公司文化

中井　我认为与人交往时不斤斤计较，不考虑得失，这是高敏感人士的优点，因此我选择了可以充分发挥这项优势的工作。因为面试很消耗能量，所以我会先浏览一下公司网站，看看他们的方针政策和董事长的信息，如果网站是不适合自己的热血风格，我就不会去面试。

明确告知自己喜欢什么、不喜欢什么

高田　如果你对自己没有信心，就越发不知道自己适合什么工作。我会如实告诉猎头公司自己喜欢什么、不喜欢什么，让他们帮我介绍合适的公司。我希望公司能发现我的优点，我认为如果对方觉得我适合这个职位，就会录取我。在面试中，我和面试官讨论了"怎样做才能更轻松地工作"，我们还聊了入职之后的一些事情，这是我决定选择现在公司的重要因素。我认为看一家公司是否与自己合拍也很重要。

除此之外，还有这些小妙招！

我最看重的是直觉，比如我会突然觉得这份工作很合我心意，办公室很明亮，工作氛围也好。哪怕有一点犹豫不决，我都不会急于做出决定。
　　　　　　　　　　玛丽琳

我做过各种不同的工作，最后才选择了护理。因为在资格培训中，我发现自己很适合这份工作。正因为我了解自己，所以才有了今天的我。
　　　　　　　　　　阿直

第4章
发挥高敏感优势的锦囊妙计

你想做什么？你的工作经历会给你暗示

经常有人问我："有什么工作适合高敏感人士？"因为每个人都有自己的优势和想做的事情，所以很遗憾，这个问题没有统一答案。

但是，在与高敏感人士就工作问题展开交流之后，我才知道他们快乐工作，从工作中获得成就感的关键在哪里。答案就是以下三点。

❀ 合适职业的三大条件

①想法：你想做什么　合适的工作

②强项：你擅长什么

③环境：职场环境和工作条件

满足了这些，你就能找到一份让你快乐同时也适合你的工作。

1. 想法：你想做什么

想做的事听起来好像很难，但其实在我们过去的工作经历中隐藏着一些暗示。试着写下你在以前的工作（包括兼职）中喜欢做的业务，以及不自觉地专注去做的业务。想一想"这个业务到底哪里吸引了我"，然后你就能发现你喜欢它的原因，比如"我喜欢听别人倾诉，去帮助他们""我喜欢默默动手去做"，等等。

此处所说的"想做的事情"指的不是心理咨询师、行政管理等工作类型，而是一种行为，比如"我想听别人倾诉，去帮助他们"。

2. 强项：你擅长什么

强项就是你擅长什么。它不仅体现在一眼就能看出来的技能上（比如会说英语），还体现在你天生就能做好的、与生俱来的某种能力上（比如在工作时能顾全大局）。

"同事经常称赞我""我很不理解为什么别人都做不

第4章
发挥高敏感优势的锦囊妙计

到""下意识地就会思考"等,你把这些都写下来,就会发现自己的强项是什么。有的时候你的强项在你看来没什么值得大惊小怪的,你不会注意到它,因此,你也可以找职业咨询师或者猎头聊聊,让他们给你一个客观的评价。

3. 环境:职场环境和工作条件

环境包括办公环境、人际关系(比如你的价值观与同事的价值观是否相符)、工作条件等。如果你有无法让步的要求,比如想在家办公,那么不要觉得自己太自私,要重视自己的感受。去公司面试的时候,你可能会觉得"这里感觉不错",也可能会觉得"这里让我喘不过气",这种说不清道不明的直觉也是选择工作时重要的判断标准。

把你想做的事和你的强项结合起来,就变成了具体的职业名称。

(你想做什么)×(你擅长什么)=(职业名称)

举一个非常简单的例子。"喜欢听不同的人的故事"ד擅长写作"="以采访为主的写手"。这里可以再加上"环境",你想和什么样的人一起工作,想要有一个组织还是自己单干……总之，要描述一下你的希望和要求。我们不是非要找到理想工作不可，知道对自己来说什么是最重要的，这才是选择工作的关键。

如果从一开始就通过头衔或者职业来找你想做的事，你就会迷失方向。你要做的首先是搞清楚自己想做什么，比如"我想听别人的故事，什么工作能满足这一点呢"，然后你再浏览招聘信息，你就会发现"这份工作似乎也不错"，于是你很容易就找到一份适合你的工作了。

要点

对于你的工作，你最看重什么？从了解自己开始。

33 什么地方让你觉得敏感也很好？

终于到最后一个主题了。在之前的章节中，我们从利用敏感特质，也就是"如何让它发挥作用"的角度来看高敏感人士的优点。在本节内容中，我们将从另一个视角介绍高敏感人士的优势所在。在高敏感小伙伴看来，什么地方让他们觉得敏感也很好呢？

当遇到美好的事物时,我能细细品味每一处细节

喵太　日常生活中有很多让我感动的事情,当我遇到美好的事物时,我会感到深深的喜悦。我可以仔细品味每一处细节:花儿和影像的赏心悦目、咖啡和香薰的馥郁芬芳、抚摸猫咪时的柔软触感以及品尝佳肴时的齿颊留香。

能感觉到温暖的谢意

阿直　我能敞开心扉与人交往,每一天内心都充满温暖的谢意,也因此感到无比幸福。当我知道什么事情会让我心情舒畅,并主动去选择它的时候,我就会有这样的感觉。我和有同样感受的高敏感人士交流,体验到发自内心的安全感,我可以做真实的自己。我感觉得到,他们接受了这样真实的我。

帮助陷入困境的人,心灵的交流让我也感受到温暖

奈奈　我曾经在一家航空公司工作,为残疾乘客提供服务。当我在路上遇到需要帮助的人时,我会伸出援手,哪怕只有很少的情感交流,我都会感到无比幸福,我的内心也温暖了起来。

除此之外,还有这些小妙招!

只要把脸埋在被阳光晒得松软的枕头里,我就会感到很幸福。	散步时,突然觉得蓝天好漂亮,或者在一个不显眼的地方找到一只猫咪的时候,我会感到很幸福。	能够因艺术而感动,能够与人深入交流,能够感受到自然和动物的美好时,我会感到很幸福。
中井	沙织	小梦

第4章
发挥高敏感优势的锦囊妙计

为了自己去体验、去感受，会拥有更丰富的人生

敏感特质可以在工作和个人生活中为我们提供助力，更重要的是，它是帮助我们体验幸福的"钥匙"。

当你清晨起床时，屋外晴空万里，你会心情舒畅；你会因为身边朋友的些许善意而心生感动。高敏感人士总会发现日常生活中的小小幸福。

在唯结果论的社会中，人们往往重视有用性、工作能力和效率。但当你眺望晴空，让自己的思想不受时间束缚，自由驰骋，你会发现释放感性的时光是美好而幸福的。

不是为了别的东西，而是为了自己去体验、去感受，请你一定要珍惜这样的一段时光。

如此，你便能体验到生命的喜悦。

最后，我们来听一下高敏感小伙伴们的声音，看看是什

高敏感人士的幸福诀窍

么让他们觉得敏感也很好，同时以此为本书画上一个句号。

- 我能够从小事中感受到幸福。前几天，我看到家里的蕾丝窗帘随风轻轻飘动，它的过分美丽打动了我。（惠理）

- 我有一颗在美好的事物中发现美、在可爱的事物中发现可爱之处的心灵。感谢父母给我的敏感特质。（上田摄子）

- 我喜欢大自然的细微变化。即使哪里也不去，只是看着小院景色的四季变迁，我也会从心底里感到幸福。我会向爱人撒娇："你娶了个省钱的老婆，你肯定偷着乐吧。"（笑）（柠檬水）

- 对任何事物没有任何感觉，那从来不是我。我的词汇量很丰富。尽管我自己没有意识到这一点，但是当我聊天兴致高涨时，我会佳句频出。他们都说我是个有趣的人。对于自己喜欢的东西，我善于表达，所以我的销售业绩非常好。（步美的步美）

- 像手工、处理鱼片这类事情，我在"油管"上看几

第4章
发挥高敏感优势的锦囊妙计

遍就可以学会，我觉得很开心。原以为比起非敏感人士，我们更容易大喜大悲，但现在我觉得这些体验真的太好了。（铃奈）

- 我的心灵能感受到双倍的美好，我比别人感受到更多的美味、快乐和美。我觉得自己赚翻了。（小丸）

- 因为我女儿也是高敏感人士，所以当我们能相互理解的时候，那种感觉实在太好了。并且我不强势，所以不太可能引起不必要的麻烦。（小Q）

- 因为我比别人更能注意到细节，所以当我和家人、朋友讲述我的经历时，他们说我讲得活灵活现，给人一种身临其境的感觉，非常有趣。我能够以轻松、幽默的方式整理和谈论各种经历，也是因为我具备高敏感人士独有的视角。（千秋）

- 当我眺望星辰、欣赏四季花开，感叹它们无与伦比的美丽时；当我能马上注意到别人发生变化时；当我看电影号啕大哭时，我很喜欢自己拥有的感知力。（莉莉）

高敏感人士的幸福诀窍

- 当有人担心我、关心我的时候，我会感到温暖和满足。每当这时，我很庆幸自己拥有比别人更敏锐的感知力。（魔客小玉）

- 所有的事情都会给我带来满满的感动。我可以察觉到他人和动物的感受。看电影的时候，除了作品内容，我甚至能体会到创作者的感情。我喜欢画画，会利用色彩表达我的感受。（阿加）

- 我很庆幸自己是易感动体质。我会因为一点小事而心生感动和喜悦，能够感受到他人的幸福，就像自己获得幸福那样，我能够真诚地祝福别人。（小武）

- 读了武田老师的书之后，我意识到对自然变化的关注也是我个性的一部分，现在的我更沉浸于大自然的变化中。四季繁花盛开、白云因时变化的样子都让我感到无比喜悦。（高敏感女孩）

- 我倾心于大自然，也喜欢各种动物，常常会沉浸于一种难以言表的感受中。如果没有这些感受，我的生活将非常无趣，甚至生命都没有了色彩。（阿麻）

第4章
发挥高敏感优势的锦囊妙计

- 我会注意到环境的细微变化。当同事或朋友稍微修剪或者染了头发,我都会轻而易举地发现。我告诉他们我发现了他们的新变化,他们都很开心。(马基)
- 我可以敏锐地发觉别人对我的关怀,并因此感到非常幸福。当听到大自然的声音和熙熙攘攘的人群发出的声音,我都有一种心灵被洗涤的感觉,这让我庆幸自己是高敏感人士。(千夏)

发现日常生活中的美好,用全身心去感受它们、欣赏它们。

敏感是我们感受幸福的"钥匙"。

请一定珍视自己的细腻情感。

衷心希望高敏感人士能活出自我,充满活力。

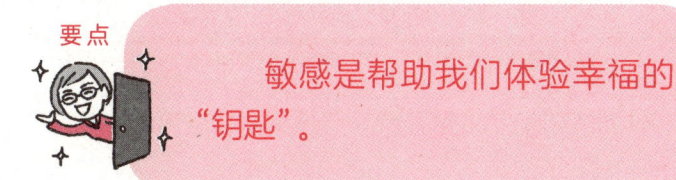

要点

敏感是帮助我们体验幸福的"钥匙"。

结　语

小小实践让你变得更坚强

以上，我介绍了高敏感人士的智慧，不知对大家是否有所启发。

有的事情只要了解就能做好。

这一点，我在为来访者做心理咨询时就能感受到。

一开始，他们是带着宏大的主题过来的，告诉我："我很烦恼，不知道今后的工作怎么办。"不过到咨询结束时，工作上的困扰，像"怎样拒绝聚餐邀请"这种问题就变成了对各种日常琐事的咨询了，比如："这样说来，那么如果遇到某某情况应该怎样处理呢？"

如果他们的问题很具体，我会问清楚情况，然后和他们一起想办法，给他们出主意："你试着这样说如何？"或者"如果是××的话，就能说出口了。"

高敏感人士
的幸福诀窍

结果，绝大部分人下次过来找我时，都会告诉我："我这样说了，结果居然没出什么乱子。"在那一刻，他们的脸上洋溢着喜悦。解决宏大主题的问题很重要，但是从小事一步步做起，同样有助于培养你对自己、对他人的信任感。

人际关系很大程度上靠后天学习。当然，试错也是必要的，但有时你会发现"自己想不出该怎么做，因为这超出了你的想象"。这时，如果你掌握了我告诉你的方法，就能顺利解决问题。

试着说出你的解决方案，尝试做一下。

做完之后，你会收获对同事和对自己的信任。

"做过之后发现没问题"，这种经历会给你带来安全感，让你相信"这样的我就很好"。

当你向周围求助时，人们愿意帮助你；即使你在工作上拒绝了他人，你们的关系也不会受影响。有了这种经历，你会开始相信他人，发现"大家真的很善良"。

"虽然有时辛苦，但是这个世界比我想的要美好。"

结 语
小小实践让你变得更坚强

"这样的我就很好。"

当你这样想时,你不仅会更温柔,还会更强大。你既保持了敏感特质,又不容易受周围影响。你变得更坚强了。

我喜欢高敏感人士。即使他们在烦恼着,那也是因为他们有一颗为他人着想的心,以及深入思考的能力。在我看来,这就是"真正的人"。

希望本书可以为你提供小小的帮助,哪怕只有一点,我也深感欣慰。

衷心希望高敏感人士能够元气满满地生活。

最后,我要对配合我完成采访和调查问卷的小伙伴们表示感谢。你们以高敏感人士特有的耐心,传授给我很多智慧和经验。一开始,我不知道我会收到多少回复,但当我看到你们如此热情地详细解答、如此认真地回应我时,我几度感到非常震撼。衷心感谢你们。

我要感谢负责采访记录,帮助我构思和起草原稿的细田老师,为本书绘制可爱插图的插画家坂木老师,总是为

高敏感人士
的幸福诀窍

　　我做出精彩设计的 tobufune 老师，以及认真负责的编辑吉野老师和神山老师。

　　在大家的帮助之下，本书得以面世，衷心表示感谢。

于晴朗夏日的东京　武田友纪

参考文献

泉谷閑示『「普通がいい」という病〜「自分を取りもどす」10講』(講談社現代新書)

エレイン・N・アーロン(著)、冨田香里(翻訳)『さいなことにもすぐに「動揺」してしまうあなたへ。』(SBクリエイティブ)

泉谷閑示『「心＝身体」の声を聴く』(青灯社)

水島広子『対人関係療法でなおす トラウマ・PTSD 問題と障害の正しい理解から対処法、接し方のポイントまで』(創元社)

水島広子『対人関係療法でなおす 気分変調性障害 自分の「うつ」は性格の問題だと思っている人へ』(創元社)

ガボール・マテ(著)、伊藤はるみ(翻訳)『身体が「ノー」と言うとき―抑圧された感情の代

価』(日本教文社)

ウィリアム・ブリッジズ(著)、倉光修、小林哲郎(翻訳)『トランジション―人生の転機を活

かすために』(パンローリング)

エレイン・N・アーロン(著)、明橋大二(翻訳)『ひといちばい敏感な子』(1万年堂出版)

明橋大二(著)、太田知子(イラスト)『HSCの子育てハッピーアドバイス HSC＝ひといちば

い敏感な子』(1万年堂出版)

長沼睦雄『「敏感すぎる自分」を好きになれる本』(青春出版社)

重磅推荐

入选中国社会心理学会 2023 年心理学年度书单图书

情绪说明书：解锁内在情绪力量

不安即安处：心理咨询师的悲伤疗愈手记

30 岁开始努力刚刚好

共情式疗愈：用爱打造轻松的人际关系

个人成长

拥抱躁郁：躁郁接线员的救助之旅

了不起的学习者

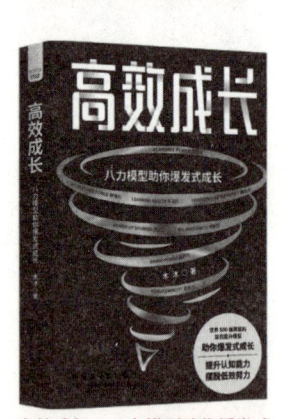

高效成长：八力模型助你爆发式成长

不累：超简单的精力管理课

拥抱与众不同的你：高敏感者的超能力